KB094778

재밌어서 밤새 읽는
수학 이야기

파이널 편

재밌어서 밤새 읽는 수학 이야기 : 파이널 편

1판 1쇄 발행 2021년 1월 29일
1판 3쇄 발행 2022년 8월 3일

지은이 사쿠라이 스스무
옮긴이 김정환
감수자 계영희

발행인 김기중
주간 신선영
편집 민성원, 정은미, 백수연, 김우영
마케팅 김신정, 김보미
경영지원 홍운선

펴낸곳 도서출판 더숲
주소 서울시 마포구 동교로 43-1 (04018)
전화 02-3141-8301
팩스 02-3141-8303
이메일 info@theforestbook.co.kr
페이스북·인스타그램 @theforestbook
출판신고 2009년 3월 30일 제2009-000062호

ISBN 979-11-90357-56-2 03410

재밌어서 밤새 읽는

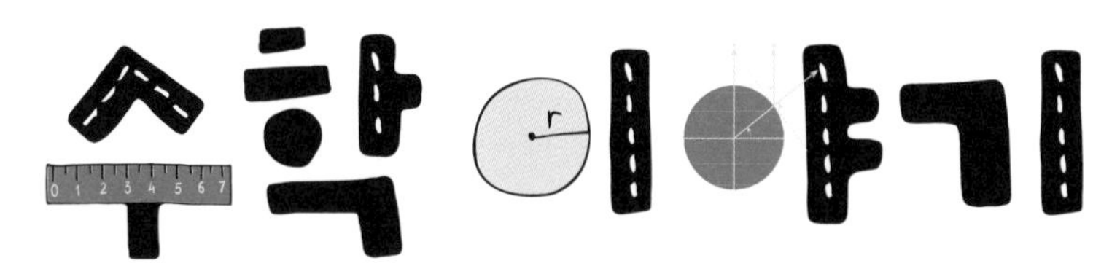

사쿠라이 스스무 지음 | 김정환 옮김 | 계영희 감수

더숲

머리말

'진짜 금화와 가짜 금화'에 관한 유명한 수학 퀴즈가 있다. 이 문제의 묘미는 가짜 금화 주머니가 포함된 주머니 10개를 딱 한 번만 무게를 재어 진위를 판별하는 데 있다(자세한 내용은 20쪽 〈가짜 금화를 찾아내라!〉).

아쉽게도 이렇게 재미있는 문제는 수학 교과서에는 많이 실려 있지 않다. 많은 사람이 수학을 만나는 방법이 교과서뿐이라는 지금의 상황이 참으로 안타깝다.

나는 수학의 매력, 살아 있는 수학을 소개하고 싶은 바람을 담아 이 책을 썼다. 그리고 수학의 역사와 수학자들의 드라마를 통해 수학의 경이와 감동을 전하고 싶어서 일본 최초의 사이언스 내비게이터가 되어 강연 활동을 하기 시작했다. 초등학생부터 성인까지 누구나 즐길 수 있는 '익사이팅 라이브 쇼'는 보는 사람의 세계관을 바꿔 놓았다는 호평을 받았고, 그 핵심 내용을 담은 《재밌어서 밤새 읽는 수학 이야기》는 독자 여러분의 성원 덕분에 베스트셀러가 되었다. 그 후 6권의 〈재밌어서 밤새 읽는〉 수학 시리즈가 출간되었다.

《재밌어서 밤새 읽는 수학 이야기》라는 제목은 결코 과장이 아니다. 인류는 오랜 세월에 걸쳐 수를 둘러싼 장대한 이야기를 만들어 왔으며, 대부분은 '증명'이라는 영원한 진리를 보증하는 이야기로 채워져 있다. 인류가 오랫동안 몰두해 온 것, 인류의 '정신의 약동'을 보여 주는 것, 그것이 바로 '밤을 새워서 읽을 만큼 재미있는 수학'인 것이다.

아무런 준비 없이 장대하고 긴 이야기를 읽으려고 하면 오히려 길이에 압도당하곤 한다. 이것을 짧은 이야기로 만들면 어떨까? 나는 어렸을 때부터 일본의 SF 작가 호시 신이치(星新一)가 쓴 초단편 소설이나 만화 《도라에몽》같이 짧은 이야기로 완결되는 스타일을 좋아했다. 〈재밌어서 밤새 읽는〉 수학 시리즈를 짧지만 완결성 있는 초단편 스타일로 만든 데에는 그런 영향이 있다. 무엇보다 독자가 어디부터 읽어도 재미있게 즐길 수 있는 책으로 만들려고 했다.

수학은 어디에서 왔을까?

역사를 되돌아보면 수학이 자리한 곳이 보인다.

인간은 왜 수학을 하는 것일까?

마음이 그것을 원하기 때문이다.

계산은 여행

이퀄이라는 레일 위를 수식이라는 열차가 달린다.

여행자에게는 꿈이 있다.

낭만을 찾아서 떠나는 끝없는 계산의 여행

아직 본 적이 없는 풍경을 찾아 오늘도 여행은 계속된다.

감수의 글

TIMSS(수학 · 과학 성취도 추이변화 국제비교연구)에서 2011년 세계 1위를 기록했던 우리나라 중학생의 수학 성취도가 2019년 세계 3위로 하락했다. 그런데 성취도 하락보다 더 우려되는 것은 '수학을 싫어한다'고 답한 중학생이 무려 61퍼센트, '수학은 가치 없다'고 답한 학생이 30퍼센트에 이르고, 심지어 수학의 흥미도는 39위로 세계 최하위의 불명예를 기록했다는 점이다. 수학에 대한 가치관 · 친근함 · 흥미도 · 자신감 등을 학술적인 용어로 '효능감'이라고 하는데, 국제 평가에서는 이것을 주요한 지표로 삼는다. 한마디로 우리 중학생의 수학적 효능감은 매우 심각한 수준인 것이다.

공부를 하다 보면 특히 수학 문제를 풀기 싫은 날이 있다. 그럴 때는 어떻게 하는 게 좋을까? 내 나름의 방법을 제안한다면, 먼저 재미있는 스토리텔링으로 구성된 수학을 골라 순서에 상관없이 여기저기 뒤적거려 보는 것이다. 읽은 내용에 대해 부모님과 이야기해 보거나 친구들과 메일이나 카톡 등으로 공유하는 것도 좋다. 이는 수학 공부의 기초 공사를 하는 셈이다. 스토리텔링 수학은 다양한 토픽이 흥미를 자극하여 수학과 가까워지게 하고 자신감이 생기게 하며, 동기 유발로 이어질 뿐 아니라 효능감이 높아지기 때문이다.

이렇듯 스토리텔링 수학은 공부의 기초를 다지는 데 중요하다. 바로 이런 스토리텔링으로 구성된 〈재밌어서 밤새 읽는〉 시리즈는 일본에서 선풍적인 인기를 일으키며 많은 독자의 사랑을 받은 대표적인 청소년 과학 시리즈이다. 많은 과학 분야 중 특히 수학은 시리즈로 7권이나 다양하게 출간될 만큼 독자들에게 많은 사랑을 받고 있다. 코로나 팬데믹은 초등학생부터 대학생까지 줌의 온라인 강의에 익숙해지게 만들었다. 그러나 인쇄된 종이책의 중요성은 여전히 유효하다.

이 책은 이 시리즈의 앞선 책들에 비하면 비교적 내용이 쉽다. 초등학생이라면 여행자 문제, 완전수, 적도의 반지름 계산 등을 풀어 보면 좋을 것이고 중학생이라면 메르센 소수, 매클로린 급수, 베셀의 측량, 4차원의 문제를 읽어 보면 좋을 것이다. 그러고 나서 물리학과 생명과학, 천문학까지 아우르는 이야기와 11차원의 이야기까지 읽고 생각해 보기를 권한다. 수학 시리즈의 마지막을 장식하는 책인 만큼 다양한 독자층을 두루 아우르고 있다.

부디 수학의 내용이 일상의 언어로 변신하여 다음 세대가 유연하게 융합적 사고를 하는 창조적 인간으로 성장하기를 바라며 감수의 글을 맺는다.

계영희

(현 고신대학교 유아교육과 명예교수, 전 한국수학사학회 부회장)

차례

제 3 장 수학 이야기는 계속된다

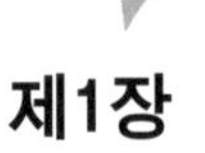

제1장

수포자도 흥미를 갖게 하는 수학 이야기

한 칸은 어디로 사라졌을까?

신기한 도형 퀴즈

한 칸이 감쪽같이 사라지는 신기한 도형

도형 문제라고 하면 여러분은 어떤 문제가 떠오르는가? 각도를 구하는 문제, 넓이를 구하는 문제, 부피를 구하는 문제 등등. 아마도 학교에서 수많은 문제를 풀어 봤을 텐데, 이번에는 조금 성격이 다른 문제에 도전해 보도록 하자.

도형을 이용한 수학 퀴즈 중에는 자신이 속고 있다는 사실조차 깨닫기 힘든 신기한 문제가 존재한다. 이 책에서는 그중에서도 유명한 두 문제를 소개하려 한다.

다음에 나오는 퀴즈의 그림을 살펴보자. 이 도형을 잘라서 다

Q1

한 변이 7칸인 정사각형이 있다. 이것을 그림처럼 잘라서 다시 배열하면 한가운데의 한 칸이 사라진다. 어떻게 된 일일까?

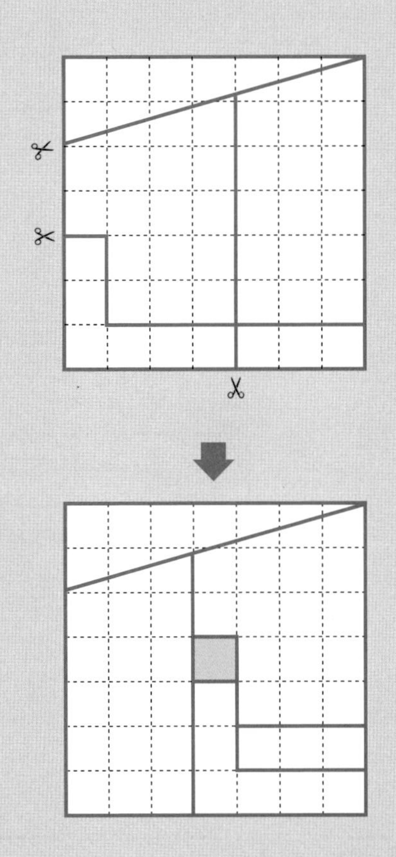

Q2

밑변이 13칸, 높이가 5칸인 삼각형이 있다. 이것을 그림처럼 잘라서 다시 배열하면 한 칸이 사라진다. 어떻게 된 일일까?

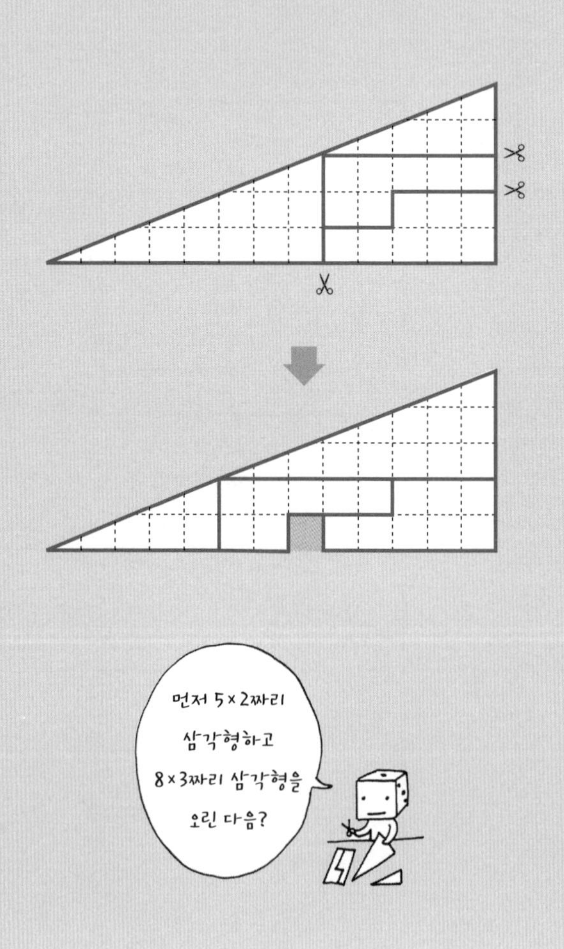

시 배열하면 한 칸이 '사라진다'. 여러분은 이 도형의 트릭을 알아차릴 수 있을까? 실제로 종이에 도형을 그린 다음 오려서 다시 배열하며 확인해 보기 바란다.

사라진 한 칸의 정체

아무리 도형을 뚫어져라 들여다봐도 어떻게 된 일인지 알 수가 없어서 머리를 감싸 쥔 사람도 있을 것이다. 사실 두 도형 모두 '사라진 칸'은 존재하지 않는다.

이 문제의 핵심은 다음의 두 가지다.

첫째, 도형을 재배열하기 전과 후의 넓이에 변화가 없어야 한다.

둘째, 재배열한 뒤의 도형은 재배열하기 전의 도형과 미묘하게 다르다.

이제 트릭을 설명하겠다. 다음 페이지의 그림을 보기 바란다.

Q1의 경우, 재배열한 뒤의 도형을 잘 살펴보면 $\frac{1}{7}$칸만큼 높아졌음을 알 수 있다. 본래의 도형은 정사각형(7칸×7칸)이나 재배열한 뒤의 도형은 직사각형{7칸×(7+$\frac{1}{7}$칸)}이 되었다. 재배열하기 전의 정사각형은 넓이가 $7\times7=49$인데, 재배열한 뒤의 직사각형은 넓이가 $7\times(7+\frac{1}{7})=50$이 된다. 다시 한 번 말하지만 재배

◆ 사라진 한 칸의 정체

Q1

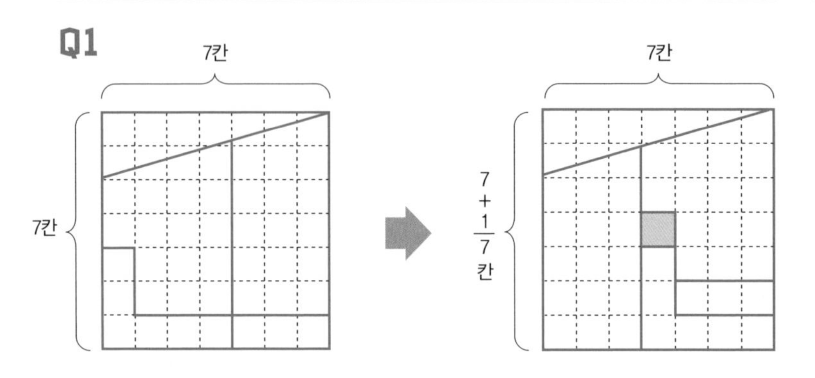

Q2

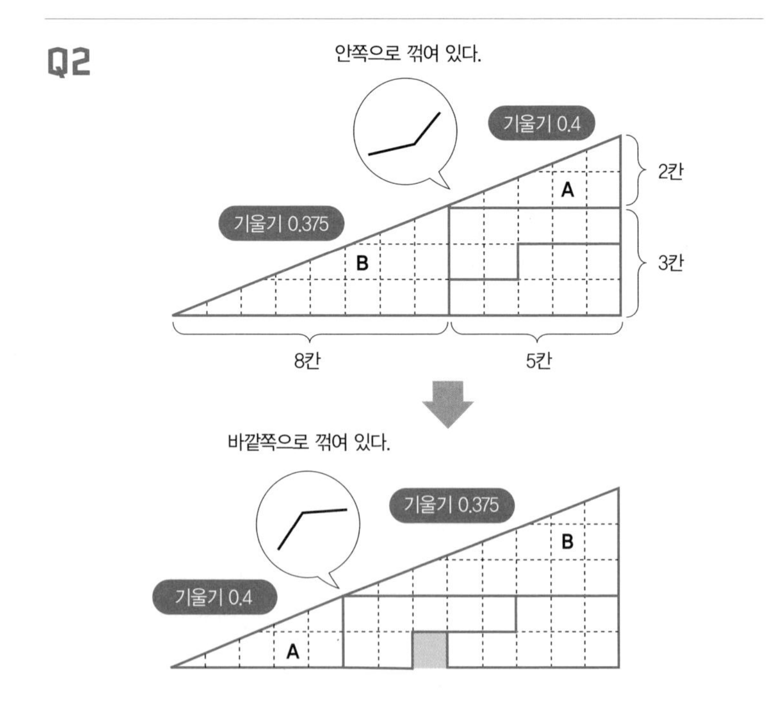

열하기 전의 넓이와 재배열한 뒤의 넓이에는 변화가 없어야 한다. 그래서 중앙의 한 칸이 '사라진' 것이다.

Q2의 경우는 삼각형 A와 B에 주목하자. 삼각형 A는 '밑변 5×높이 2'이므로 기울기가 $\frac{2}{5}$ 즉 0.4다. 그런데 삼각형 B는 '밑변 8×높이 3'이므로 기울기가 $\frac{3}{8}$ 즉 0.375다. 다시 말해 하나의 빗변처럼 보이지만 실제로는 기울기가 다른 직선 두 개가 이어져 있는 것이다. 실제로 A와 B가 만나는 부분을 확대해서 잘 살펴보면 재배열하기 전에는 안쪽으로, 재배열한 뒤에는 바깥쪽으로 살짝 꺾여 있음을 알 수 있다. 정확하게 말하면 본래의 도형과 재배열한 뒤의 도형 모두 삼각형이 아니라 '사각형'이다.

'무게의 단위'는 지구에서 탄생했다

우리가 평소에 사용하는 질량의 기본 단위는 1킬로그램이다. 여러분은 1킬로그램의 정의가 무엇인지 알고 있는가? 무게의 단위의 탄생 배경에는 길이의 단위인 '미터'가 자리하고 있다.

1미터의 본래 정의는 '북극점에서 적도까지 자오선 호의 길이의 1,000만 분의 1'이다(183쪽 〈삼각 함수와 천문학〉). 그리고 한 변이 1미터의 10분의 1(10센티미터)인 정육면체의 부피 1,000세제곱센티미터를 '1리터', 물 1리터의 질량을 '1킬로그램'으로 정의한다. 이처럼 무게의 단위도 '지구'와 관계가 있는 것이다.

지구를 생각하면서 무게와 관련된 퀴즈에 도전해 보자.

가짜 금화가 들어 있는 주머니는 어느 것일까?

Q

금화가 들어 있는 주머니가 10개 있다. 주머니 9개에는 진짜 금화가 들어 있고, 1개에는 가짜 금화만 들어 있다. 진짜 금화와 가짜 금화는 겉보기에는 똑같지만 무게가 달라서, 진짜 금화는 10그램이고 가짜 금화는 11그램이다. 저울을 딱 한 번만 사용해서 가짜 금화가 들어 있는 주머니를 찾아내려면 어떻게 해야 할까?

◆ 가짜 금화가 들어 있는 주머니를 찾아내는 방법

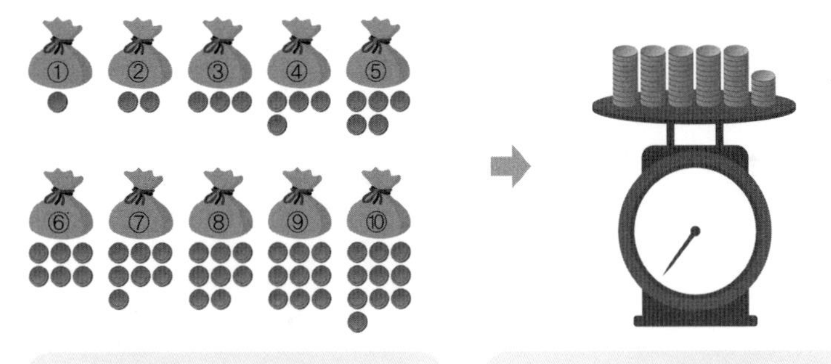

주머니의 번호와 같은 수만큼 금화를 꺼낸다.
(합계 55닢)

몇 그램이 더 나가는지를 보면 가짜
금화가 들어 있는 주머니를 알 수 있다!

단 한 번만 무게를 재서 가짜 금화가 들어 있는 주머니를 찾아내는 방법은 다음과 같다.

주머니 10개에 각각 ①부터 ⑩까지 숫자를 붙이고, ①의 주머니에서 금화 1닢, ②의 주머니에서 금화 2닢, ③의 주머니에서 금화 3닢……과 같은 식으로 주머니 번호와 같은 수만큼 금화를 꺼낸다. 이렇게 해서 꺼낸 금화는 합계 55닢이 된다.

그런 다음 꺼낸 금화를 모두 저울에 올려놓고 무게를 잰다. 만약 가짜 금화가 들어 있는 주머니가 주머니 ①이라면, 저울에 올려놓은 금화 55닢 가운데 가짜 금화는 1닢뿐이므로 무게는 모든 금화가 진짜일 때의 무게 550그램에서 1그램이 초과된 551그램일 것이다. 가짜 금화가 들어 있는 주머니가 주머니 ②라면 가짜 금화는 2닢이므로 2그램이 초과될 것이고, 주머니 ③이라면 3그램이 초과될 것이다. 이런 식으로 모든 금화가 진짜일 때에 비해 몇 그램이 더 나가는지를 보면 가짜 금화가 들어 있는 주머니가 어느 것인지를 알아낼 수 있다.

Q 금화 8닢이 있는데 그중에 1닢은 가짜 금화다. 가짜 금화는 진짜 금화와 똑같이 생겼지만 약간 가볍다고 한다. 양팔 저울을 두 번만 사용해서 가짜 금화를 찾아내려면 어떻게 해야 할까?

◆ 가짜 금화를 찾아내는 방법

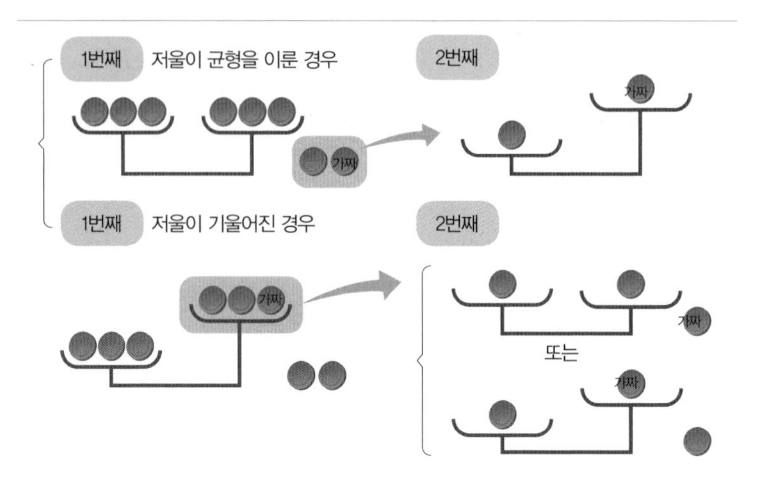

어느 것이 가짜 금화일까?

양팔 저울을 사용해서 가짜 금화를 찾아낼 수 있는 방법은 다음과 같다.

먼저 금화를 '3닢 묶음' 2개와 '2닢 묶음' 1개로 나눈다. 그리고 '3닢 묶음' 2개를 저울의 양쪽에 올려놓는다(1번째).

저울이 한쪽으로 기울어지지 않고 균형을 이루었다면 저울에 올려놓지 않은 '2닢 묶음'에 가짜 금화가 있음을 알 수 있다. 그러므로 이 2닢을 각각 저울에 올려놓았을 때 가벼운 것이 가짜 금화다(2번째).

한편 저울이 한쪽으로 기울어졌다면 가벼운 접시의 묶음에 가짜 금화가 있음을 알 수 있다. 이 경우는 그 묶음에서 금화 2닢을

꺼내 각각 저울의 양쪽에 올려놓는다(2번째). 이때 만약 저울이 균형을 이룬다면 '저울에 올려놓지 않은 금화가 가짜 금화'이고, 저울이 한쪽으로 기울어진다면 '가벼운 것이 가짜 금화'다.

무게추 4개만으로 무게를 재려면?

다음과 같은 방법으로 저울을 사용해서 재면 된다(접시는 좌우가

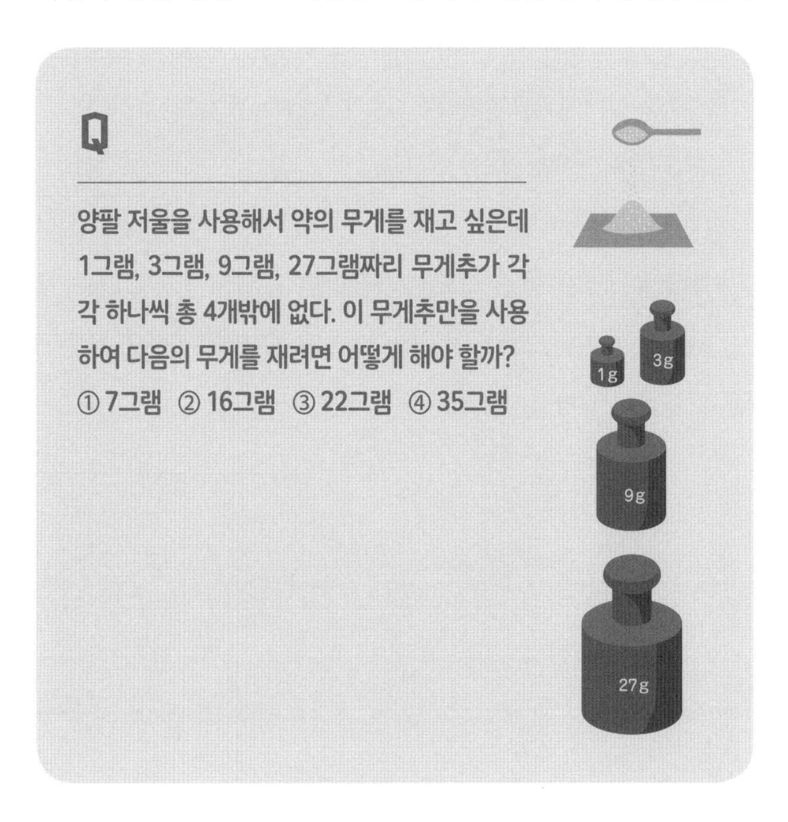

바뀌어도 상관없다).

① 왼쪽 접시에 1그램과 9그램의 무게추, 오른쪽 접시에 3그램의 무게추와 약→7그램
② 왼쪽 접시에 1그램과 27그램의 무게추, 오른쪽 접시에 3그램과 9그램의 무게추와 약→16그램
③ 왼쪽 접시에 1그램과 3그램과 27그램의 무게추, 오른쪽 접시에 9그램의 무게추와 약→22그램
④ 왼쪽 접시에 9그램과 27그램의 무게추, 오른쪽 접시에 1그램의 무게추와 약→35그램

4개의 무게추를 이런 식으로 사용하면 1그램부터 40그램까지 무게를 잴 수 있다. 고작 4가지의 수로 40개나 되는 수를 만들어 낼 수 있다니 정말 신기하다!

◆ 무게추를 4개만 사용해서 무게를 잰다

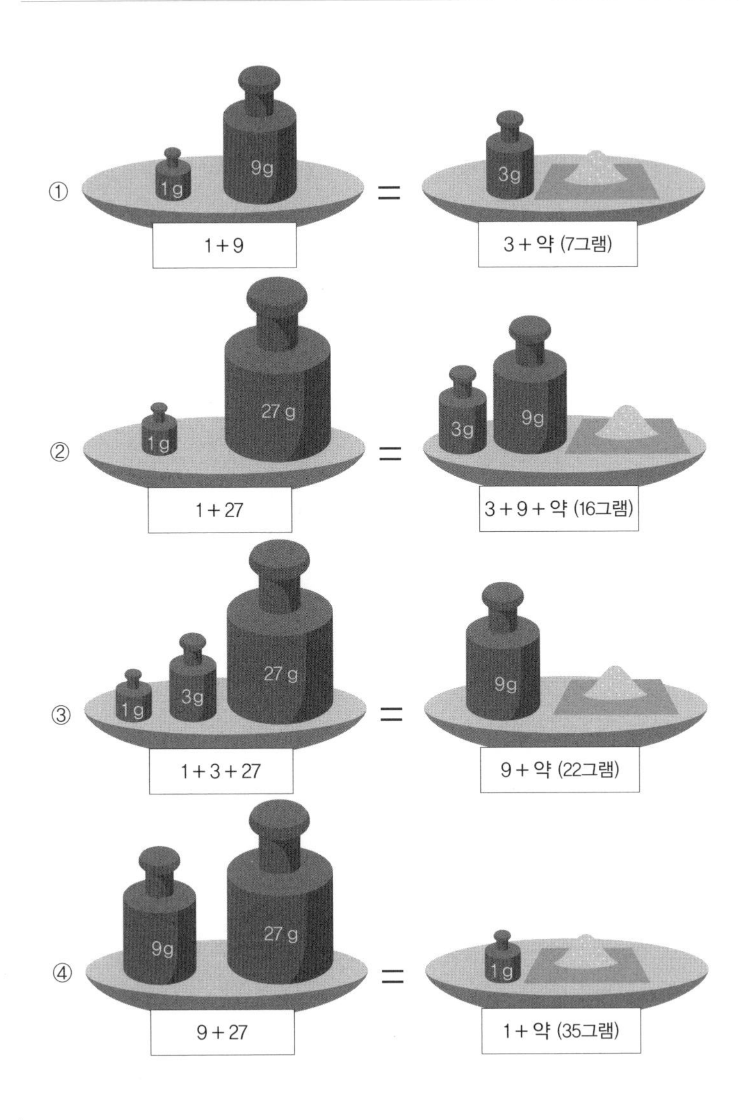

◆ 무게추 4개만으로 40그램까지 잴 수 있다!

무게	왼쪽 접시				오른쪽 접시				
	1g	3g	9g	27g	1g	3g	9g	27g	약
1g	●								●
2g		●			●				●
3g		●							●
4g	●	●							●
5g			●		●	●			●
6g			●			●			●
7g	●		●			●			●
8g			●		●				●
9g			●						●
10g	●		●						●
11g		●	●		●				●
12g		●	●						●
13g	●	●	●						●
14g				●	●	●	●		●
15g				●		●	●		●
16g	●			●		●	●		●
17g				●	●		●		●
18g				●			●		●
19g	●			●			●		●
20g		●		●	●		●		●
21g		●		●			●		●
22g	●	●		●			●		●
23g				●	●	●			●
24g				●		●			●

25g	●			●		●			●
26g				●	●				●
27g				●					●
28g	●			●					●
29g		●		●	●				●
30g		●		●					●
31g	●	●		●					●
32g			●	●	●	●			●
33g			●	●		●			●
34g	●		●	●		●			●
35g			●	●	●				●
36g			●	●					●
37g	●		●	●					●
38g		●	●	●	●				●
39g		●	●	●					●
40g	●	●	●	●					●

100억 년이 걸려도 풀지 못한다!?

영업 사원의 순회 문제

영업 사원이 주인공인 난제

수학의 세계에는 '영업 사원의 순회 문제'라는 재미있는 난제가 있다. 이름처럼 영업 사원이 주인공으로 등장하는 문제다.

영업 사원의 순회 문제는 '영업 사원이 도시 몇 곳을 전부 한 번씩 방문하고 출발점으로 돌아올 때 이동 거리가 최소가 되는 경로'를 구하는 문제다. 오늘은 천안, 내일은 대구…… 같은 식으로 전국을 돌아다니는 영업 사원을 떠올려 보면 이해하기 쉬울 것이다. 그러나 이 문제는 '조합 최적화 문제' 가운데에서도 특히 어렵기로 유명하다. 얼마나 어려운 문제인가 하면 슈퍼컴퓨터를

◆ 영업 사원의 순회 문제

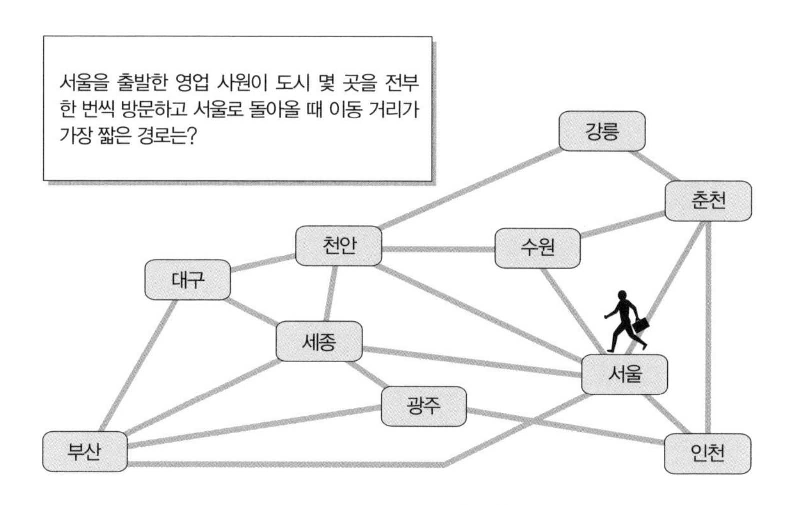

사용해도 최적의 답을 찾아내기가 쉽지 않을 정도다.

도시의 수를 n이라고 하면 가능한 경로의 총수는 $\frac{n!}{2n}$가지이다. n이 작을 때는 일일이 모두 조합해 볼 수 있으므로 그리 어렵지 않게 최단 경로를 알아낼 수 있다. 하지만 n이 커지면 조합의 총수가 폭발적으로 증가하기 때문에 모든 경로를 조합해 보기란 사실상 불가능하다.

가령 10개 도시를 순회할 때는 조합의 총수가 18만 1,440가지인데, 도시의 수가 30개로 늘어나면 조합의 총수는 무려 4.42×10^{30}가지가 된다. 이것이 얼마나 절망적인 수인가 하면, 계산 속도가 10테라플롭스(슈퍼컴퓨터의 성능을 따지는 계산 속도. 1테라플롭스는 1초에 연산을 1조 번 하는 것을 말한다)인 계산기를 사용하더라도 모든 조합을 조사하는 데 무려 25경 년 이상이 걸린다(경은 조의 1만 배이다. 즉 10^{16}). 우주의 나이가 약 137억 년임을 생각하면 이것이 얼마나 엄청난 시간인지 이해가 갈 것이다.

일상생활 속에 숨어 있는 '조합 최적화 문제'

'페르마의 마지막 정리'가 그랬듯이 압도적으로 어려운 문제일수록 해법이 진화하기 마련이다. 영업 사원의 순회 문제로 대표되는 조합 최적화 문제는 사실 우리의 현실 생활과 매우 밀접한 관련이 있는 문제다.

편의점에 상품을 배송하기 위한 최적 경로 문제
택배의 배송 계획 문제
자동차 내비게이션의 경로 검색
휴대 전화의 주파수 할당
철도·항공의 승무원 할당
스포츠 경기 일정 등의 계획과 작성……

한결같이 우리의 생활과 밀접한 관계가 있는 조합 최적화 문제들이다. 실제로 영업 사원의 순회 문제는 배송 계획이나 회로 기판에 부품을 끼워 넣기 위해 구멍을 뚫는 순서를 결정하는 문제 등에 응용되고 있다.

알고리즘이 유전된다?

영업 사원의 순회 문제는 도시의 수가 많으면 최적의 답을 구하기가 매우 어려워진다. 효율적으로 정밀한 답을 구하는 방법은 아직 확립되어 있지 않기 때문에 근삿값을 구하는 방법이 중요하다. 효율적으로 근삿값을 구하는 방법 중 '유전 알고리즘(Genetic Algorithm, GA)'이라는 방법이 있다.

'알고리즘'은 계산 순서, 문제 해결을 위한 단계적 수법을 의미한다. 알고리즘을 특정 언어(C, BASIC, Java 등)로 기술한 것이 바로 프로그램이다. 유전 알고리즘은 미국 미시간 대학의 존 홀랜드(John Holland, 1929~2015)가 1975년에 만들었는데, 생물이 유전자를 재편성하면서 진화하는 과정에서 힌트를 얻은 '최적화를 위한 알고리즘'이다. 유전자에 해당하는 복수의 개체(답의 후보)로 구성된 집단을 이용해 답의 후보를 차례차례 재편성함으로써 최적의 답을 모색한다. 어떤 문제를 특정한 유전자 배열을 가진

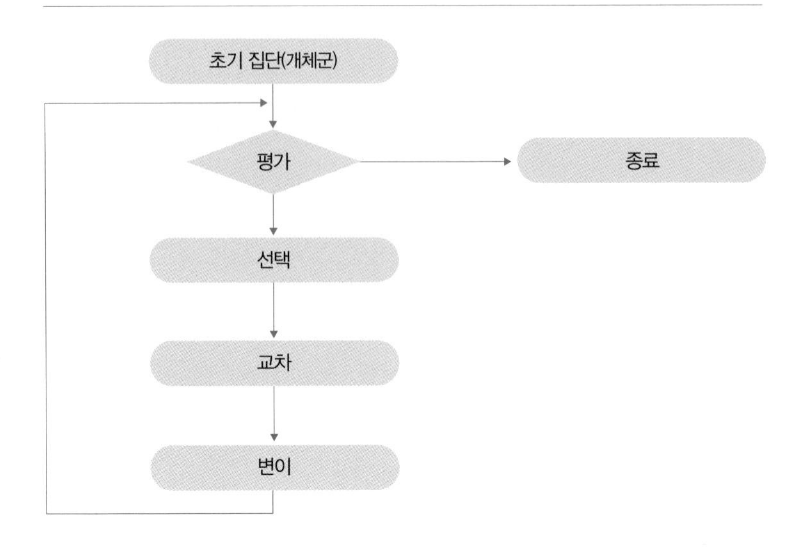

종의 진화로 인식함으로써 최적의 답을 구하는 것이다. 유전 알고리즘에는 '선택(환경에 적응한 종은 다음 세대로 개체를 늘리고, 그렇지 못한 종은 개체를 줄인다)', '교차(일정 확률로 두 종의 유전자 배열이 조합되어 다른 종이 생겨난다)', '변이(유전자 배열의 특정 비트가 반전된다)' 같은 유전적 조작의 개념이 사용된다.

인터넷에서 '영업 사원의 순회 문제 Java'로 검색해 보면 프로그램이 여럿 나온다. 실제로 브라우저상에서 영업 사원의 순회 문제를 푸는 모습을 볼 수도 있다.

DNA 컴퓨터의 탄생

유전자를 연구하는 생명과학이 수학과 컴퓨터의 세계에 등장한 것은 참으로 흥미로운 일인데, 재미있는 실제 사건이 있다. 유전자를 이용한 초고속 컴퓨터 'DNA 컴퓨터'가 탄생한 것이다. DNA의 이중 나선 구조를 발견한 미국의 생명과학자 제임스 왓슨(James Watson, 1928~)의 《유전자의 분자 생물학(*Molecular Biology of the Gene*)》을 읽고 DNA를 컴퓨터에 응용해 보자는 아이디어를 떠올린 레너드 애들먼(Leonard Adleman, 1945~)이라는 정보 과학자가 1994년 DNA 컴퓨터를 제작해 '영업 사원의 순회 문제'를 풀었다.

DNA를 이용해서 영업 사원의 순회 문제를 푸는 방법은 다음과 같다. 먼저 각 도시와 그 도시를 연결하는 경로를 DNA의 네 가지 염기인 아데닌(A), 티민(T), 구아닌(G), 사이토신(C) 배열로 나타낸다. 서울={CGCATT}, 부산={CTAGAT}와 같은 식으로 DNA를 인공 합성하여 시험관 속에서 섞어 반응시킨다. 그러면 'A와 T', 'C와 G'의 조합만이 결합한다는 특성 때문에 서울과 부산의 염기 서열에서 {TAAGAT}와 같은 새로운 DNA가 만들어지고, 이것이 서울과 부산의 경로 후보 중 하나가 된다. 그리고 답의 후보를 나타내는 이런 DNA를 PCR(중합 효소 연쇄 반응)을 이용해 대량으로 만든 다음, 그것을 어떤 도시에 경유하는지 조건에 따라 분리시킴으로써 답을 나타내는 DNA를 추출한다.

DNA는 매우 작은 분자이기에 대량으로 만들어 낼 수 있다. 불과 1밀리리터에 '6×10^{16}개'나 되는 DNA 분자가 있을 수 있다. 이 하나하나가 계산 소자로 기능함으로써 초병렬 계산이 가능하다. 그리고 영업 사원의 순회 문제와 같이 엄청난 시간이 걸리는 복잡한 문제를 풀 때 위력을 발휘한다.

DNA 컴퓨터는 DNA로 구성된 생명체 자체가 컴퓨터임을 의미한다고도 생각할 수 있다. 그리고 생물이 137억 년에 걸쳐 진화해 왔듯이 컴퓨터도 우리의 생활과 깊은 관계가 있는 난제, 이를테면 영업 사원의 순회 문제를 계기로 진화의 길을 걷기 시작했다. 컴퓨터의 세계는 지금 이 순간에도 진화하고 있다. 어쩌면 언젠가는 인지(人智)를 뛰어넘는 경이로운 알고리즘이 탄생해 수학의 난제나 일상 속 문제들을 해결할 날이 찾아올지도 모른다.

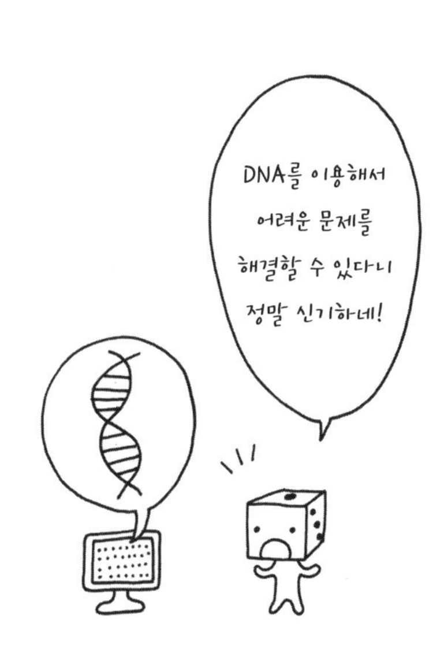
DNA를 이용해서
어려운 문제를
해결할 수 있다니
정말 신기하네!

산이 아름다워 보이는 이유는 무엇일까?

지수 함수는 '폭발'한다?

'황금비'와 '금강비'는 모두 인간이 아름다움과 조화를 느끼는 비율이다. 황금비는 약 1:1.6으로, 이를테면 국기나 명함 등의 가로 · 세로 길이가 이 비율이다. 한편 금강비는 1:$\sqrt{2}$(약 1.4)로, A4 같은 복사용지의 가로 · 세로 길이가 이 비율이다.

어느 날 나는 일본 후지산의 사진집을 보다가 갑자기 어떤 사진 한 장에 매료되었다. 후지산과 호수에 비친 후지산의 그림자가 상하좌우 모두 멋진 대칭을 이루고 있었다. 그 능선이 그리는 곡선은 왠지 무언가를 강하게 호소하는 것처럼 느껴졌다. 사진을

◆ 후지산의 능선과 정확히 일치하는 지수 함수의 그래프

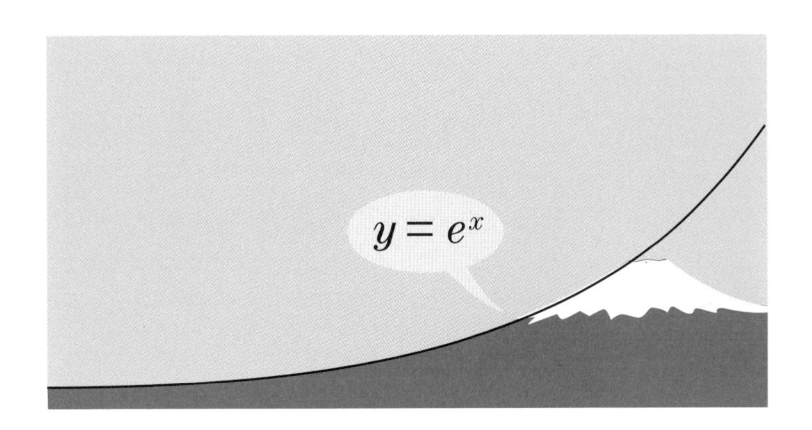

유심히 들여다보던 나는 그 곡선이 '$y=e^x$'라는 지수 함수 그래프의 일부와 일치한다는 사실을 깨달았다.

지수 함수는 다양한 자연 현상을 설명하는 데 사용되며, 그래프를 보면 한없이 x축에 평행하게 나아가다가 어느 순간 급격히 변화해 한없이 x축에 수직인 형태가 된다. 지수 함수의 약호는 exponential(지수)의 첫 세 글자를 딴 'exp'인데, 이 약호를 볼 때마다 같은 세 글자로 시작되는 explosion(폭발)을 떠올리게 된다. '어떤 지점부터 수치가 폭발적으로 변화하는' 것이 지수 함수의 특징이기 때문이다.

자세한 내용은 〈식은 커피에 담긴 수식〉(124쪽)에서 소개하겠

지만, 가까운 예로는 욕조에 받아 놓은 뜨거운 물이 식는 현상을 들 수 있다. 뜨거운 차나 만두 같은 음식도 마찬가지다. 바깥 공기에 닿은 순간부터 온도가 급격하게 떨어지기 시작하여 실온에 가까워지면 변화가 완만해진다. 이 변화를 그래프로 그려 보면 지수 함수 곡선과 일부 들어맞는다.

화가가 그린 그림에도 수학이 숨어 있다

후지산의 능선이 지수 함수 곡선의 일부와 일치한다는 사실을 깨달은 나는 이어서 에도 시대의 화가 가쓰시카 호쿠사이(葛飾北斎, 1760~1849)의 작품을 찾아봤다. 그의 작품 중에는 연작 풍경화 〈부악(富嶽) 36경〉이 있다. 그중에서 〈가나가와 앞바다의 높은 파도(神奈川沖浪裏)〉는 황금비를 이야기할 때 종종 언급되는 작품이다. 이 작품에서 가쓰시카 호쿠사이가 그린 파도의 모양은 '피보나치 수열(1, 1, 2, 3, 5, 8, 13, ……과 같은 식으로 서로 이웃한 두 항의 합이 다음 항과 같아지는 수열)'이 만들어 내는 '피보나치 나선'에 가깝다. 그래서 파도의 전체적인 모습이 황금비를 이루는 것이다. 물론 가쓰시카 호쿠사이에게 수학 지식이 있어서 의도적으로 그렇게 그린 것이 아니라 화가의 미적 직관력이 표현된 것이다. 수학과 미술의 아름다움에는 이처럼 공통된 요소가 있음을 발견할 수 있다. 그의 〈개풍쾌청(凱風快晴)〉이라는 작품에 그려진 후지산의 능선은 $y=e^x$의 그래프와 정확하게 일치한다.

산의 능선이 지수 함수 곡선을 그리고 있다면 산을 그린 그림 속 능선 또한 지수 함수 곡선을 그리는 것이 당연하지 않을까? 그러나 가쓰시카 호쿠사이의 작품은 사진을 찍은 다음 그 위에 종이를 대고 그대로 그린 것이 아니다. 눈으로 본 것을 자신의 감성이라는 필터를 통해서 산의 아름다움을 파악하고 손으로 그린 그림이다. 그렇게 그린 능선이 수학적인 의미를 지니는 곡선과 정확하게 일치한다는 사실이 매우 놀랍다.

아름다운 산과 수학을 연결하는 신비의 수 *e*

그렇다면 아름다운 곡선을 만들어 내는 e는 대체 어떤 수일까? e는 미적분에 나오는 수로, '네이피어 수'라고 부른다. 간단히 설명하면 미분은 '순간의 변화'를 나타내고 적분은 '종합적인 결과'를 나타낸다. 예컨대 자동차의 속도는 미분, 거리 적산계의 수치는 적분을 나타낸다. 시시각각으로 변화하는 모습을 나타내는 데 필요한 수가 바로 e이다.

e는 2.71828182845904523536……으로 순환하지 않고 무한히 계속되며, 이런 수를 '무리수'라고 부른다. 참고로, 우리가 알

고 있는 대표적인 무리수로는 원주율 π가 있다. π와 e는 수학과 물리학의 세계에서 매우 중요한 기초 상수이며, 이 두 기초 상수가 등장하는 가장 유명한 수식은 〈허수의 세계에 오신 것을 환영합니다〉(170쪽)에서도 소개하는 '$e^{i\pi}=-1$'이라는 '오일러 등식'이다. 여기에 나오는 'i(허수 단위)'는 '제곱하면 −1이 되는' 신기한 수다. 무한히 계속되는 두 무리수와 허수의 조합에서 '−1'이라는 단순한 답이 나오는 것이다.

1965년 노벨상을 받은 미국의 물리학자 리처드 파인먼(Richard Feynman, 1918~1988)은 오일러 등식에 '인류의 보물'이라는 찬사를 보냈다.

산의 능선이 왜 지수 함수 그래프와 일치하는 것일까?

후지산 이야기로 돌아가 보자. 일본 열도의 거의 한가운데에 위치한 이 화산은 어떻게 해서 네이피어 수가 들어 있는 $y=e^x$라는 지수 함수의 그래프와 부분적으로 일치하는 능선을 갖게 되었을까? 이것은 후지산이 어떤 측면에서는 이상적인 환경에서 탄생했음을 의미한다. 만약 완전히 평평한 지면에서 최초의 분화가 시작되어 용암이 수직으로 분출한다고 가정하면 어떻게 될까? 아주 단순하게 생각하면 분화구와 가까울수록 많은 용암이 쌓이고, 분화구와 멀수록 쌓이는 용암의 양이 줄어들 것이다. 분화의 기세가 일정하다고 가정하면 용암이 사방팔방으로 균일하게 날아갈 경우 그 부피와 거리의 관계는 미분 방정식으로 생각할 수 있으며, 미분 방정식을 풀면 후지산의 능선 같은 지수 함수 그래프가 된다.

지수 함수가 온도 변화 같은 자연 현상과 깊게 관련되어 있다고 앞에서 말했다. 하지만 현실적으로 분화는 이상적인 상황을 설정하고 실시하는 과학 실험과 같은 방식으로 일어나기는 어렵다. 그러나 후지산이 만들어질 때는 이상적인 상황에 매우 가까운 조건 속에서 일어난 것으로 추정된다. 그래서 후지산의 능선이 순수하게 수학적인 의미를 지니는 곡선과 일치하는 것 같다.

하지만 후지산의 능선이 그리는 곡선은 지수 함수 곡선의 일부에 불과하다. $y=e^x$ 그래프가 그리는 곡선을 머릿속에 정확하게 떠올리지 못한다면 아무리 후지산을 뚫어지게 쳐다봐도 둘이 일치한다는 사실을 알아차리지 못할 것이다. 학창 시절 수학 선생님은 종종 칠판에 도구 없이 분필만으로 지수 함수 그래프를 그리셨는데, 그렇게 어림짐작으로 그린 곡선을 봐서는 올바른 이미지가 기억에 남지 않는다. 우선은 지수 함수 그래프를 잘 관찰해야 한다. 나는 옛날부터 $y=e^x$의 정확한 곡선을 종이에 구멍이 뚫릴 정도로 오래 바라보곤 했다. 그래서 정확한 곡선의 이미지를 기억하고 있었기 때문에 후지산 사진집을 보고 수학적인 일치를 깨달은 것이다.

한편 가쓰시카 호쿠사이처럼 예민한 감각을 지닌 사람은 무의식중에 수학적인 감각을 몸이 기억하고 있을지도 모른다. 수학을 전문적으로 공부한 적은 없어도 수학적 의미를 지니는 형태에서 아름다움과 조화를 느끼는 감각이 있기에 〈가나가와 앞바다의 높은 파도〉의 황금비와 〈개풍쾌청〉의 지수 함수 곡선을 작품 속에 재현할 수 있었던 것이 아닐까?

그렇다면 우리 인간에게는 본래 수학에서 아름다움과 조화 같은 즐거움을 느끼는 본능이 있는지도 모른다. 많은 사람이 학교에서 억지로 수학을 배우며 힘겨워하지만, 본래 수학은 놀이 같은 것이다. 실제로 먼 옛날부터 수많은 수학자는 누가 시킨 것도 아닌데 스스로 수학적인 문제를 생각해 내고 그것을 열심히 푸는 데에서 즐거움을 발견했다.

사실 이 감각은 수학자에게만 주어진 특별한 것이 아니다. 사람이라면 누구나 산을 보고 '아름답다'고 느낄 수 있다. 아름다움에 대한 감각은 사람마다 다르기에 모두가 공유할 수 있는 아름다움은 그리 많지 않다. 그러나 $y=e^x$의 능선을 가진 산은 수많은 사람을 매료시키는 힘을 지니고 있다. 그 이유는 무엇일까? 나는 우리가 천성적으로 '수학에서 아름다움을 느끼는 마음'을 지니고 있기 때문이라고 생각한다.

수학의 아름다움을 일깨워 주는 산이 있다. 수학의 아름다움이 필요할 때 아름다운 산 사진을 한 번 찾아보고 우리 안에 깃들어 있는 '수학의 마음'을 깨닫는 사람이 늘어나기를 바란다.

나이팅게일은 통계를 활용했다

일상생활 속 통계 그래프

주의 깊게 관찰해 보면 우리 주변에는 수많은 그래프가 있다. 우리에게 가장 친근한 그래프라고 하면 아마도 통계 그래프일 것이다. 전체에 대한 비율을 보여 주거나 수량의 많고 적음을 비교하기 위한 도표로 사용된다.

정당 지지율을 보여 주는 원그래프
월별 강수량을 보여 주는 막대그래프
인구의 세대별 구성비를 보여 주는 띠그래프

◆ 다양한 통계 그래프

원그래프

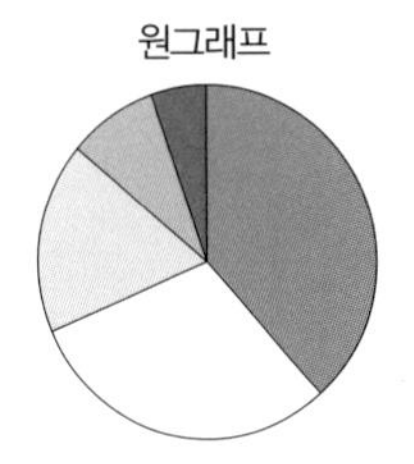

막대그래프

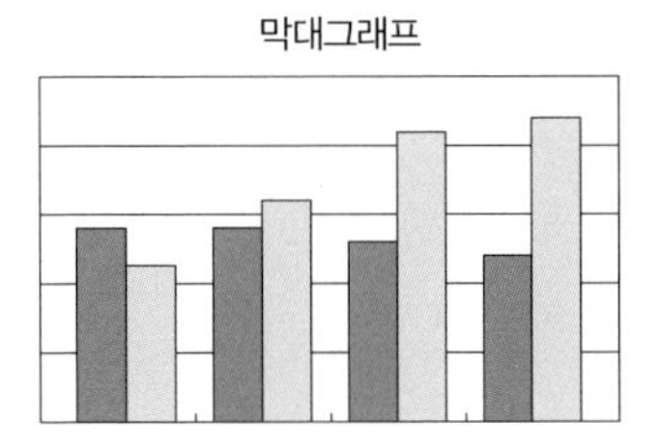

띠그래프

꺾은선 그래프

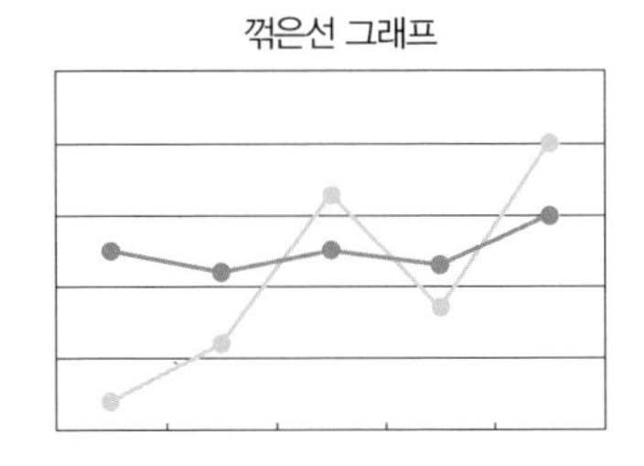

캔들 차트

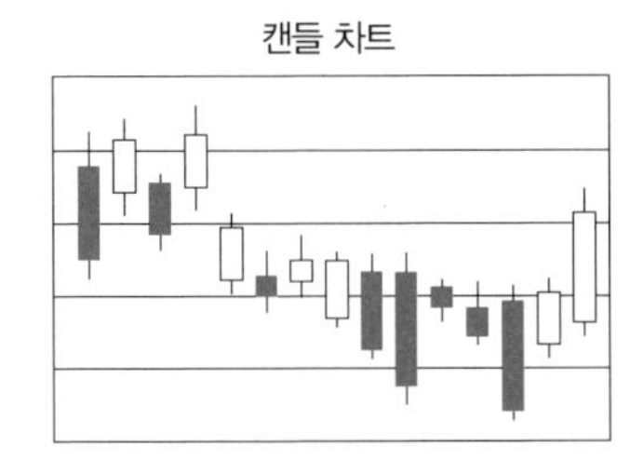

레이더 차트(거미줄 그래프)

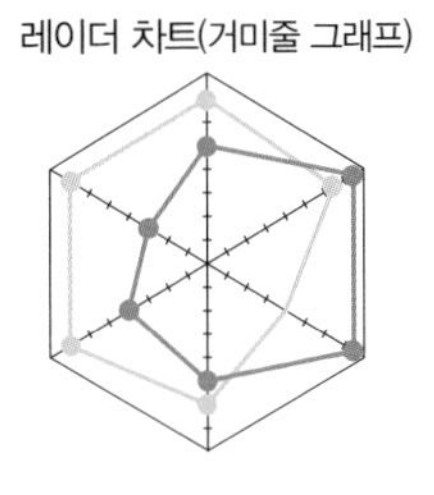

주식 차트에 사용되는 꺾은선 그래프와 캔들 차트(시가, 종가, 고가, 저가라는 네 가지 값이 양초 같은 모양으로 표시되는 그래프)

영양 균형을 보여 주는 레이더 차트(거미줄 그래프) 등등

이처럼 목적이나 용도에 맞춰 여러 가지 그래프가 고안되어 왔다. 여러분도 일상의 다양한 상황에서 이런 그래프들을 본 적이 있을 것이다.

그리고 음악에도 그래프가 있다. 음표나 쉼표 등이 적혀 있는 오선지는 가로축이 '시간', 세로축이 '음정'을 나타내는 일종의 그래프라고 할 수 있다.

◆ 오선지도 그래프

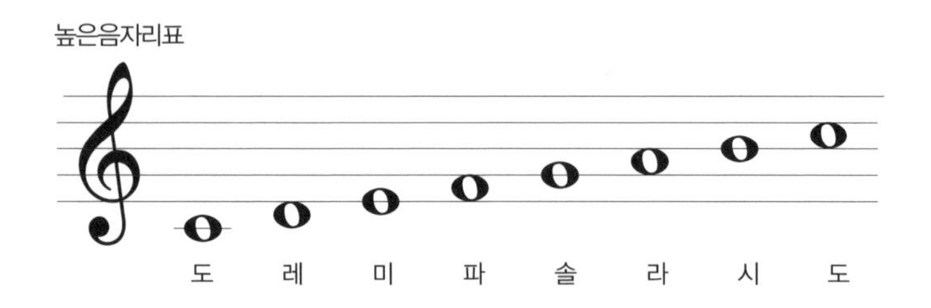

수학 세계의 그래프

수학의 세계에서는 다양한 함수를 그래프로 나타낸다. 수학 수업을 떠올려 보자. x축과 y축을 사용해서 점의 위치를 (1, 2)와 같이 나타내고 직선이나 포물선 그래프를 그렸을 것이다.

가령 포물선은 함수 $y=x^2$이라는 수식으로 표현할 수 있다. 이 식을 만족시키는 점을 생각해 보자.

(−2, 4) (−1, 1) (0, 0) (1, 1) (2, 4)…….

이 점들을 좌표 평면에 그리면 포물선 그래프가 된다.

수업 시간에 배운 함수 그래프는 가로축이 x, 세로축이 y뿐이어서 언뜻 지루하게 느꼈을지도 모르겠다. 그런데 가로축에 '시

◆ 함수 $y=x^2$의 그래프

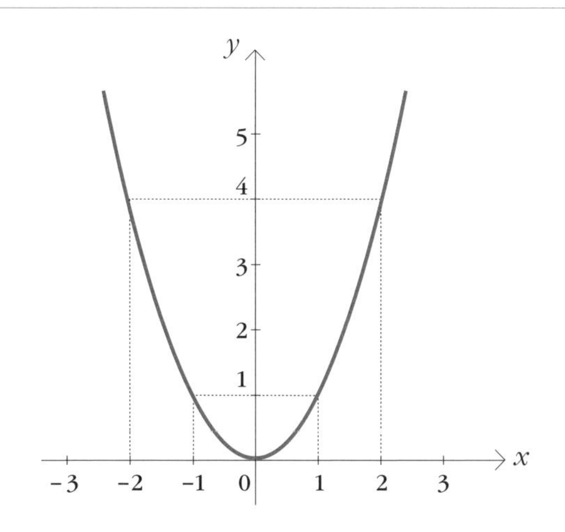

간', 세로축에 '금액'이나 '강수량' 같은 구체적인 수치가 들어가면 어떨까? 갑자기 현실감이 느껴지면서 그래프에 대한 인상이 확 달라질 것이다. 또한 함수는 수식과 좌표를 통해서 그래프라는 새로운 모습으로 변신할 수 있으며, 우리는 그래프를 통해서 수식의 정체를 시각적으로 느낄 수 있다.

사회가 발전함에 따라 우리는 여러 가지 양(量)에 둘러싸여서 살게 되었다. 그리고 그 양들의 관계를 시각적으로 나타내기 위해서는 그래프라는 도구가 필요하다. 그래프를 적절히 이용하면 자신의 생각을 상대에게 정확하게 전달할 수 있다. 우리는 일상생활 속에서 그래프의 혜택을 누리며 살고 있다. 그리고 그래프의 발전을 뒷받침해 온 것이 바로 수학이다.

크림 전쟁과 나이팅게일

플로렌스 나이팅게일은 '백의의 천사'라고 불리는 유명한 간호사다. 그런데 여러분은 근대 간호의 발전에 공헌한 나이팅게일에게 '통계학자'라는 또 다른 일면이 있다는 사실을 알고 있는가?

플로렌스 나이팅게일
(Florence Nightingale, 1820~1910)

나이팅게일이 살았던 시기에는 크림 전쟁(1853~1856)이 일어났다. 전쟁터에서 부상을 입은 병사들이 열악한 환경 속에서 죽어 가고 있다는 사실을 알게 된 나이팅게일은 간호사 38명을 이끌고 종군했다. 나이팅게일은 수많은 부상병을 헌신적으로 간호했는데, 뉴스로 알려진 바와 같이 당시 부상자 치료 환경은 매우 열악했다. 이것이 전사자가 늘어나는 원인이었다. 그러나 정부와 군은 이런 상황을 전혀 이해하지 못하고 있어 제대로 된 간호 체계를 갖추려는 노력을 하지 않았다.

그래프로 세상을 바꾸다

나이팅게일은 어떻게 대처했을까? 그녀는 암울한 상황에 좌절하지 않고 병원의 위생 관리가 영국군 병사의 사망 원인에 지대한 영향을 끼치고 있음을 명확히 밝혀냄으로써 국회의원들을 설득하고자 했다. 그리고 이를 위해 그래프를 활용하는 아이디어를 떠올렸다. 그래프라면 숫자에 밝지 않은 상대에게도 상황을 확실하게 전할 수 있다고 생각한 것이다. 이렇게 해서 고안해 낸 것이 '박쥐의 날개(Bat's Wing)'라고 부르는 컬러 그래프다.

'박쥐의 날개' 덕분에 국회의원과 관료 들은 전쟁터의 위생 환경을 개선해야 한다는 사실을 이해하게 되었다. 그 결과 부상병의 사망률이 극적으로 줄어들고 간호 학교가 신설되었으며, 영국에 있는 병원들의 위생 환경 또한 개선되었다.

통계학자 나이팅게일

그런데 간호사인 나이팅게일이 어떻게 이런 독창적인 그래프를 고안해 낼 수 있었을까? 이것은 그녀가 젊은 시절부터 '수학'과 '통계학'을 깊이 있게 공부했기 때문에 가능한 일이다. 나이팅게일에게 특히 큰 영향을 끼친 사람은 벨기에의 통계학자 아돌프 케틀레(Adolphe Quételet, 1796~1874)다. 케틀레는 확률론을 사회 현상에 적용시키는 사회 물리학을 제창해 '근대 통계학의 아버지'라 불리는 인물이다. 나이팅게일은 케틀레와 교류하며 단단한 수학의 힘을 가질 수 있었고, 케틀레와 함께 노력해 국제 통계 회의에서 위생 통계의 통일 기준을 채택하도록 했다. 이렇게 해서 나이팅게일은 간호사이자 통계학자가 되었다.

수학을 활용한 간호사 나이팅게일은 '근대 간호 교육의 어머니'인 동시에 '통계학의 선구자'로서 존경받고 있다. 숫자만 봤을 때는 간과하기 쉬운 사실들을 사람들에게 시각적이면도 정확하게 전달할 수 있는 그래프로 나타냄으로써 세상을 바꾸고 많은 생명을 구했다.

통계의 그래프도 함수의 그래프도 이처럼 우리 인류의 생활과 밀접한 관계를 맺으며 발전해 왔다. 앞으로도 그래프는 사회와 함께 진화해 나갈 것이다.

100에 가까운 수끼리의 곱셈을 순식간에 해내는 방법

93×95나 98×99처럼 100에 가까운 수끼리의 곱셈을 순식간에 할 수 있는 신기한 계산법이 있다. 이 계산법의 포인트는 100을 기준으로 생각하는 것이다. 그렇게 하면 아주 간단한 계산만으로 답을 구할 수 있다.

96×97의 계산을 예로 들어 설명해 보겠다.

STEP 1 100과의 차이를 각각 구한다.

96은 100−96=4, 97은 100−97=3이 된다.

STEP 2 STEP 1 에서 구한 수를 더한 다음 100에서 뺀다. 이것이 답에서 백의 자리 이상의 수다.

$100-(4+3)=93$이므로 답에서 백의 자리 이상의 수는 93이 된다.

STEP 3 STEP 1 에서 구한 수를 곱한다. 이것이 답에서 십의 자리 이하의 수다.

$4\times3=12$이므로 답에서 십의 자리 이하의 수는 12다.

따라서 96×97의 답은 9312가 된다.

◆ 96×97을 계산하는 신기한 방법

STEP 1 100과의 차이를 각각 구한다.

96 ➡ 4 97 ➡ 3

STEP 2 STEP 1 에서 구한 수를 더한 다음 100에서 뺀다.
이것이 답에서 백의 자리 이상의 수가 된다.

$100-(4+3)=93$ ➡ | 9 | 3 | | |

STEP 3 STEP 1 에서 구한 수를 곱한다.
이것이 답에서 십의 자리 이하의 수가 된다.

$4\times3=12$ ➡ | 9 | 3 | 1 | 2 |

답은 9 3 1 2

정말 이 계산법으로 맞는 답을 구할 수 있는지 의심스러운 사람은 계산기로 확인해 보기 바란다.

이제 다른 계산도 이 방법으로 답을 구할 수 있는지 살펴보자.

98×99

STEP 1 98 → 2, 99 → 1

STEP 2 100−(2+1)=97이므로 답에서 백의 자리 이상의 수는 97.

STEP 3 2×1=2이므로 답에서 십의 자리 이하의 수는 02(답이 한 자리일 경우, 십의 자리의 수는 0이 된다).

따라서 98×99의 답은 9702가 된다.

92×93

STEP 1 92 → 8, 93 → 7

STEP 2 100−(8+7)=85이므로 답에서 백의 자리 이상의 수는 85.

STEP 3 8×7=56이므로 답에서 십의 자리 이하의 수는 56.

따라서 92×93의 답은 8556이 된다.

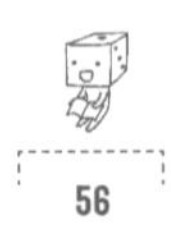

어떤가? 이 계산법으로 구한 답과 계산기로 구한 답이 모두 일치할 것이다. 종이에 써서 필산을 하지 않아도 순식간에 답을 구할 수 있는, 그야말로 신기한 계산법이다.

비밀은 '사각형의 넓이'

어떻게 100에 가까운 수끼리의 곱셈을 이런 방법으로 쉽게 계산할 수 있는 것일까? 앞에서 소개한 96×97을 예로 그 비밀을 파헤쳐 보자.

먼저 곱셈을 '사각형의 넓이 계산'이라고 생각하자. 사각형의 넓이는 '가로×세로'로 구할 수 있으므로, 한 변의 길이가 100인 정사각형의 넓이는 100×100이다.

이번에는 가로의 길이가 96, 세로의 길이가 97인 직사각형의 넓이를 생각해 본다. 이때 96×97을 그대로 계산할 수도 있지만(이것이 일반적인 계산 방법이다), 여기에서는 한 변의 길이가 100인 정사각형을 이용한다. 계산법의 포인트인 '100을 기준으로 생각한다'는 것은 이 정사각형을 기준으로 생각한다는 의미이다.

다음 그림을 보자. 구하려는 직사각형의 넓이는 '한 변의 길이가 100인 정사각형'에서 '가로가 4이고 세로가 100인 직사각형'과 '가로가 100이고 세로가 3인 직사각형'을 잘라 내는 방법으로

◆ 한 변의 길이가 100인 정사각형의 넓이

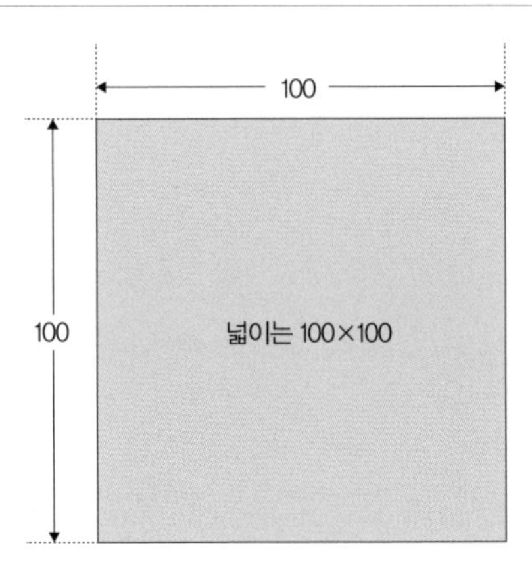

◆ 신기한 계산법의 비밀은 '사각형의 넓이'

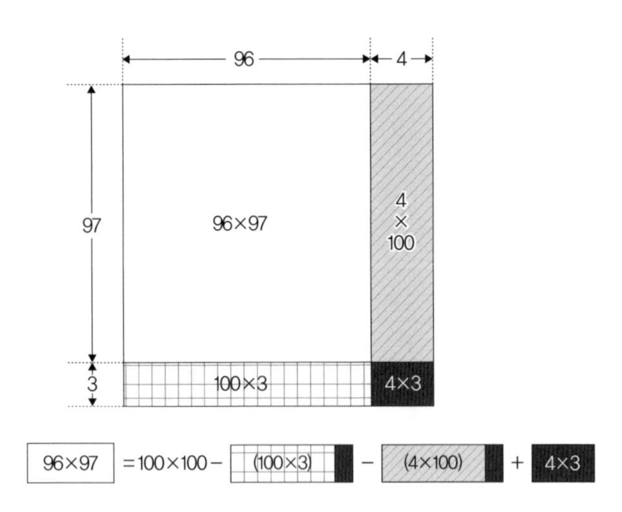

도 구할 수 있을 듯하다.

식으로 나타내면 $100 \times 100-(4 \times 100)-(100 \times 3)$이 된다.

다만 그림을 잘 보면 잘라 낸 두 직사각형에 겹치는 부분이 있다. 이렇게 하면 두 번 잘라 낸 셈이 되므로 하나를 되돌려야, 다시 말해 위 내용의 식에 더해야 한다.

그러면 식은 $100 \times 100-(4 \times 100)-(100 \times 3)+4 \times 3$이 된다.

이 식을 정리해 보자.

$96 \times 97=100 \times 100-(4 \times 100)-(100 \times 3)+4 \times 3$

$=100 \times (100-4-3)+4 \times 3$

$=100 \times \{100-(4+3)\}+4 \times 3$

여기에서 $100 \times \{100-(4+3)\}$이 STEP 2, 4×3이 STEP 3에 해당한다.

그래서 곱셈 96×97의 답은 백의 자리 이상의 수가 $100-(4+3)=93$, 십의 자리 이하의 수가 $4 \times 3=12$이므로 9312가 된다.

100 이상의 수에도 응용할 수 있다!

이 계산법은 100보다 조금 큰 숫자끼리의 곱셈에도 응용할 수 있다.

102×107

STEP 1 100과의 차이를 각각 구한다.

102는 2, 107은 7이 된다.

STEP 2 STEP 1에서 구한 수를 더한 다음 100을 더한다(이 부분이 앞과 다르다). 이것이 답에서 백의 자리 이상의 수다.

100+(2+7)=109이므로, 답에서 백의 자리 이상의 수는 109가 된다.

STEP 3 STEP 1에서 구한 수를 곱한다. 이것이 답에서 십의 자리 이하의 수다.

2×7=14이므로 답에서 십의 자리 이하의 수는 14다.

따라서 102×107의 답은 10914가 된다.

곱셈을 '사각형의 넓이'라고 생각하면 같은 계산이라도 다른 관점에서 바라볼 수 있다. 한 가지 관점으로만 봐서는 계산 속에 숨은 '또 다른 계산법'을 찾아낼 수 없다. 여러분도 하나의 식에 대해 다양한 관점에서 궁리해 보기 바란다. 어쩌면 새로운 발견을 하게 될지도 모른다.

수학에 관한 영화들

수학을 주제로 한 영화

지금까지 수학을 주제로 수많은 영화가 만들어졌다. 맷 데이먼이 벤 애플렉과 공동으로 각본을 쓰고 주연을 맡은 〈굿 윌 헌팅〉(1997)이나 일본의 소설가 오가와 요코(小川洋子)의 동명 소설을 영화화한 〈박사가 사랑한 수식〉(2006)이 큰 인기를 끌었다.

이런 작품들 덕분에 수학에 친근감을 느끼게 된 사람이 늘어난 것은 내게도 매우 기쁜 일이다. 이번에는 수학을 모티프로 삼은 훌륭한 영화들을 몇 편 소개하고자 한다.

〈뷰티풀 마인드〉(2001)

감독 : 론 하워드(Ron Howard)

아카데미상 : 작품상, 여우조연상, 감독상, 각색상

미국의 수학자 존 내시(John Nash, 1928~2015)의 실제 이야기를 다룬 영화다. '이 세상의 모든 것을 지배하는 진리를 찾아내고 싶다'는 야망을 가졌던 존 내시(러셀 크로 분)는 집단에서 개인의 의사 결정 메커니즘을 정식화(定式化)한 '게임 이론'을 구축하는 데 성공했다. 그러나 그는 조현병에 걸려 몸과 마음이 점점 피폐해 갔다. 지옥 같은 나날을 보내던 그를 구원한 사람이 바로 아내 앨리샤(제니퍼 코넬리 분)였다. 경제학을 비롯해 현실 사회에 지대한 영향을 끼친 이론을 탄생시킨 내시는 마침내 노벨 경제학상을 수상하는 영광을 누렸다.

이 영화는 냉전 시대의 미국에서 수학과 수학자의 역할 그리고 수학자의 고뇌를 훌륭히 묘사한 작품이다. 참고로 그의 이름을 딴 '내시 균형'은 모든 플레이어가 상대의 전략 아래에서 이익을 최대화하고자 행동할 때 성립되는 균형 상태를 가리킨다.

아직 영화를 보지 않았다면, 영화를 보기 전에 먼저 수학자 존 내시와 그의 이론에 관해 알아보기 바란다. 그러면 영화를 더욱 깊이 이해할 수 있을 것이다.

〈프루프〉(2005)

감독 : 존 매든(John Madden)

천재 수학자인 아버지 로버트(앤서니 홉킨스 분)에게 수학의 재능과 불안정한 정신을 물려받은 딸 캐서린(귀네스 팰트로 분)은 불안 장애를 가진 아버지를 간병하면서 아버지가 완성하지 못한 '증명(proof)'을 완성한다. 그리고 영화 후반에는 그 증명을 기록한 공책을 둘러싸고 이야기가 진행된다.

이 영화의 수학적인 재미는 '수학의 무엇을 증명했는가?'에 대한 구체적인 설명이 전혀 나오지 않는다는 점이다. 영화에서는 "소수(素數)에 관한 증명이다", "수학자들의 기나긴 염원이다"라고만 언급된다. 이것만으로는 무엇을 의미하는지 분명하게 알 수가 없다. 그러나 이후에 '디리클레 L-함수', '지겔 영점'이라는 말이 나오면서 그것이 현재도 해결되지 않은 난제 '리만 가설'임을 (아는 사람은) 알게 된다.

캐서린이 냉장고 앞에서 갑자기 무엇인가를 떠올리고는 공책에 "* is true!"라고 적는 장면이 나온다. 즉 (리만 가설로 생각되는 문제의) '증명'이 완료된 순간인 것이다.

이때 나는 이 영화를 다가올 미래를 그린 영화로 봐야 한다고 생각했다. 리만 가설이 어떤 난제인지 모르는 독자가 많을 것이다. 하지만 리만 가설을 어느 정도 이해한 상태에서 이 영화를 감상하면 캐서린이 이룬 증명의 가치가 더욱 선명하게 전해진다. 《재밌어서 밤새 읽는 수학 이야기 : 프리미엄 편》에 수록된 〈간단 입문 리만 가설〉을 읽은 다음 이 영화를 감상하는 방법도 추천한다.

〈쓰루기다케 : 점의 기록〉(2009)
감독 : 기무라 다이사쿠(木村大作)
일본 아카데미상 : 남우조연상, 감독상, 음악상, 촬영상, 조명상, 녹음상

이 영화는 〈뷰티풀 마인드〉와 〈프루프〉처럼 수학을 전면에 내세우지는 않았지만, '삼각 측량'을 다룬 영화다.

영화의 주인공은 실존 인물 시바자키 요시타로(柴崎芳太郎, 1876~1938)라는 측량 기사다. 20세기 초 일본 육군은 군사적 목적상 정확도가 높은 일본 지도를 완성해야 했다. 이를 위해 시바자키는 당시 아직 오른 사람이 없던 쓰루기다케(劒岳. 일본 도야마현 소재로, 히다산맥 최북단의 산-옮긴이)라는 산의 등정에 도전했다.

삼각 측량은 지도를 만드는 데 필요한 작업이다. 영화에서 시바자키(아사노 다다노부 분)는 산의 정상에서 측량 작업을 시작하면서 "지금부터 삼각점 선정 작업을 실시하겠습니다"라고 말한다. 이 삼각 측량의 기록이 영화의 제목에도 나오는 '점의 기록'이다.

이 영화의 매력 중 하나는 장엄한 자연 그리고 자연과 대치하는 인간에 대한 묘사일 것이다. 컴퓨터 그래픽을 사용하지 않고 현지에서 촬영했다고 하는데, 영화 속 다테야마 연봉(立山連峯. 히다산맥의 늘어선 봉우리 중 다테야마산과 쓰루기다케산을 일컫는다-옮긴이)의 험준하고도 아름다운 설경에 압도당한다. 지도를 만들기 위해 목숨을 건 시바자키와 영화를 만들기 위해 목숨을 걸고 촬영한 제작진. 이 둘이 화학 반응을 일으켜 보는 이에게 강하게 호소하는 작품이 완성되었다.

실제 지도 제작 과정에서는 '점의 기록'에 기록된 수치를 바탕으로 삼각 함수를 비롯한 계산 작업을 실시한다. 그러나 영화의 경우, 삼각 측량은 묘사되어 있지만 삼각 함수 등을 사용한 계산 작업은 등장하지 않는다. 이 영화에서 수학은 무대 뒤편에서 보조하는 역할에 머문다.

지도를 만들 때 수학은 숨은 조력자가 된다. 우리는 '지도'라는 종이를 손에 든 순간 그 사실을 깨닫는다. 지도 작성에 사용된 삼각 함수, 로그, 미적분 같은 수학은 지도 위에는 남지 않는다. 지도에는 방대한 계산이 스며들어 있지만, 지도를 손에 들었을 때 우리가 느끼는 것은 종이의 무게와 잉크의 흔적뿐이다. 다시 말해 수학은 무게도 색도 냄새도 없는 '눈에 보이지 않는 존재'인 것이다.

〈쓰루기다케 : 점의 기록〉은 수학이 우리의 눈에 보이지 않는 숨은 조력자임을 담담하게 이야기하는 영화라고 할 수 있다. 참고로 엔딩 크레디트의 마지막에는 원작 소설의 작가인 닛타 지로(新田次郎. 본명은 후지와라 히로토藤原寛人)의 둘째 아들인 수학자 후지와라 마사히코(藤原正彦)의 이름이 나온다.

〈파이〉(1998)
감독 : 대런 애러노프스키(Darren Aronofsky)
선댄스 영화제 최우수 감독상, 인디펜던트 스피릿상 각본상

"나의 가정. 첫째, 수학은 만물의 이야기다. 둘째, 모든 사건과 현상은 수로 치환해서 이해할 수 있다. 셋째, 그것을 수식화하면 일정한 법칙이 나타난다. 따라서 모든 사건과 현상은 법칙을 갖는다."

이것은 영화에서 주인공 맥스 코언(션 걸릿 분)이 여러 차례 읊조리는 대사다. 자신이 만든 컴퓨터로 가득 채워진 주인공의 방을 주된 무대로 이야기가 전개된다. '유클리드'라는 이름을 붙인 컴퓨터는 어느 날 갑자기 주식 시장의 주가를 216자리의 숫자와 함께 산출한 뒤 파괴되는데, 산출한 주가는 정확히 들어맞는다. 그리고 맥스의 스승 솔과 그가 우연히 알게 된 유대인 비밀 결사도 똑같은 216자리의 숫자를 손에 넣는다. 세계의 비밀에 관한 열쇠를 쥐고 있는 216자리의 숫자를 둘러싸고 욕망과 증오가 교차하는 SF 서스펜스 영화다.

주인공 맥스를 보고 있으면 추드노프스키(Chudnovsky) 형제가 떠오른다. 수학자인 추드노프스키 형제는 1980년대에 π를 계산하기 위해 러시아에서 목숨만 간신히 건진 채 미국으로 이주했다. 그리고 맥스처럼 아파트의 방에서 자신들이 조립한 컴퓨터로 원주율 π 계산의 세계 기록을 달성했다. 흑백 영상을 통해서 수학과 인간과 사회의 관계를 생생하게 묘사한 작품이다.

앞의 세 작품은 논픽션, 픽션이라는 구분과 관계없이 '인간과 함께하는 수학'의 리얼리티를 표현했다는 점에서 우리에게 감동을 준다.

수학과 음악

여러분은 플라네타륨을 본 적이 있는가? 사계절의 밤하늘이나 천체 현상 등의 영상을 보여 주는 것으로 주로 교육적으로 사용된다. 하지만 사실은 그것뿐이 아니다. 디지털 플라네타륨은 간편한 계산기로도 사용되며 놀라운 발전을 이루고 있다. 안경을 쓰지 않고도 맨눈으로 3D 영상을 즐기며 음악과 영상이 몸속으로 파고드는 듯한 감각을 체험할 수 있는 플라네타륨용 3D 풀돔 영상 작품이 전 세계에서 제작되고 있다.

〈MUSICA : 우주는 왜 아름다울까?〉(2013)*

프로듀서 : 다카하시 마리코(高橋真理子), 감독 : 고사카 히로미쓰(上坂浩光)

영상문화제작자연맹 어워드 2014 소셜 커뮤니케이션 부문 우수상

나는 수학과 영상을 연결하는 3D 풀돔 영상 〈MUSICA : 우주는 왜 아름다울까?〉에 공동 감수자로 참여했다. 이 작품은 음악과 수학을 통해서 우주를 해명하는 과학 판타지다.

왜 인간은 음악과 수학을 하는 것일까? 수학의 장대한 이야기는 '수'와 '형태'를 마음속에서 찾아내는 데에서 시작되었다. 그리고 수와 형태의 세계에서 찾아낸 것은 경이로운 조화(定理)였다. 우리가 음악과 수학에서 추구하는 것은 바로 '아름다움'이다. 천체, 인체, 수와 형태의 세계, 즉 모든 조화 속에 숨어 있는 아름다움이 공명하는 곳이 바로 우리의 마음이다.

* Congratulations! MUSICA : Why Is the Universe Beutiful? https://youtu.be/7vjhGMuSh2U)

수학과 영화 그리고 음악. 최대의 엔터테인먼트인 영화와 음악이 최대의 지적 엔터테인먼트인 수학과 만나는 것은 필연적인 현상으로 느껴진다. 교과서를 공부하며 알게 되는 수학의 세계와는 조금 성격이 다른 수학의 세계를 영화와 음악을 통해 맛보는 즐거움. 부디 여러분도 훌륭한 작품을 감상하면서 그 안에 묘사된 '수학의 세계'를 즐겨 보기 바란다.

조명 하나에 스위치가 두 개?

집이나 학교, 회사, 도로 등 우리 주변에는 수많은 조명이 있다. 조명에 사용되는 전구와 형광등, LED는 전부 전기가 흐름으로써 빛을 발하는 구조다. 그리고 조명에는 전기의 흐름을 잇거나 끊기 위한 스위치가 있다. 일반적으로 조명 장치, 전선, 전원, 스위치로 구성된 것을 전기 회로라고 한다.

보통은 램프나 방의 조명처럼 하나의 스위치로 켰다 껐다를 하지만, 그중에는 조명 하나에 스위치가 두 개 달려 있는 경우도 있다.

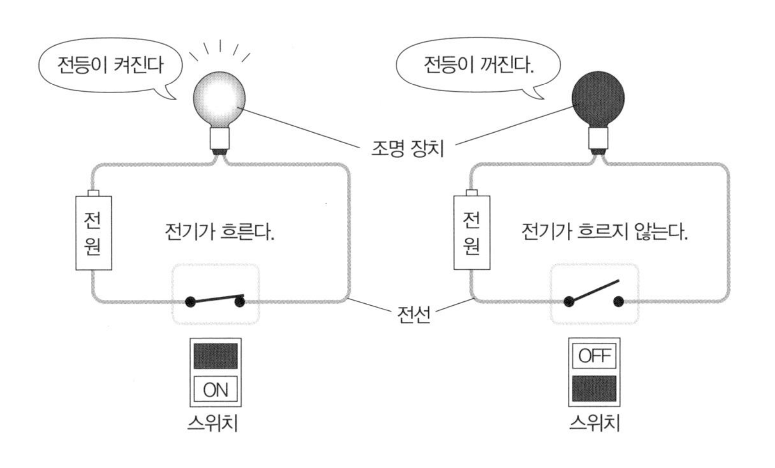

그 사례 중 하나가 '계단 조명'이다. 계단 한가운데에 조명이 있는 경우, 계단을 오르기 전에 스위치를 켜고 계단을 올라간 뒤에 스위치를 끌 수 있도록 1층과 2층에 각각 스위치가 달려 있으면 더 편리하다. 이 구조가 신기하게 느껴진 적이 있을 것이다. 이때 스위치는 어떻게 연결되어 있을까?

조명에 숨어 있는 '조합'

전기 회로를 살펴보자. 하나의 전선에 두 개의 스위치를 다는 것이 아니라 다음 페이지의 그림처럼 전선을 배치한다. 이 조명의

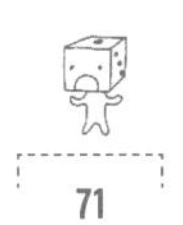

경우, 전기가 흐르는 패턴은 전부 몇 가지일까? 이것은 '조합'의 문제다. 1층의 스위치를 '위로 올린다', '아래로 내린다', 2층의 스위치를 '위로 올린다', '아래로 내린다'를 각각 조합하므로 답은 2×2, 즉 네 가지다.

다음으로 어떤 경우에 조명이 켜지는지를 생각해 보자.

먼저 두 스위치를 모두 위로 올린 상태를 A라고 하자. 이 상태에서 2층 스위치를 아래로 내리면 회로는 연결되지 않으므로 조명이 꺼진다. 이것이 B의 상태다. A의 상태에서 1층 스위치를 아래로 내려 C의 상태로 만들면 역시 회로가 끊어지므로 조명은 꺼진다. A와는 반대로 1층과 2층의 스위치를 전부 아래로 내리면 회로가 연결되므로 조명이 켜진다. 이것이 D의 상태다.

즉 스위치를 올리고 내리는 조합은 모두 네 가지이며 그중에서 조명이 켜지는 조합과 꺼지는 조합은 각각 두 가지이다. 신기한 조명의 수수께끼도 '조합'을 생각하면 쉽게 이해할 수 있다.

이처럼 수학은 우리 일상의 사소한 곳에도 숨어 있으며 우리의 생활을 돕고 있다.

◆ 스위치의 조합으로 조명이 켜진다

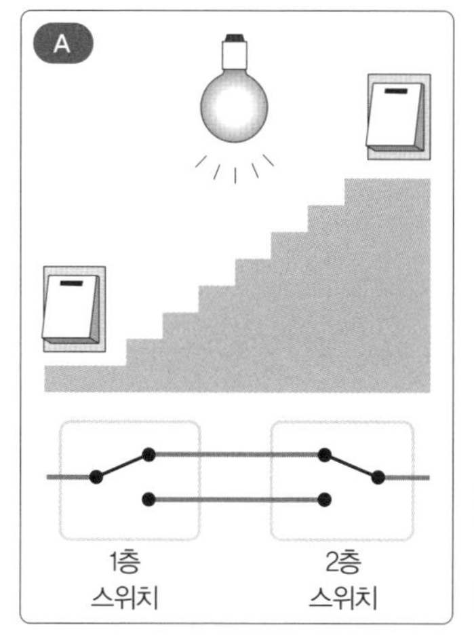

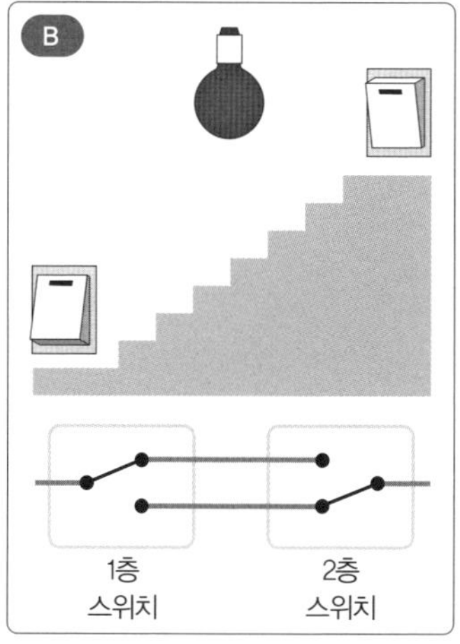

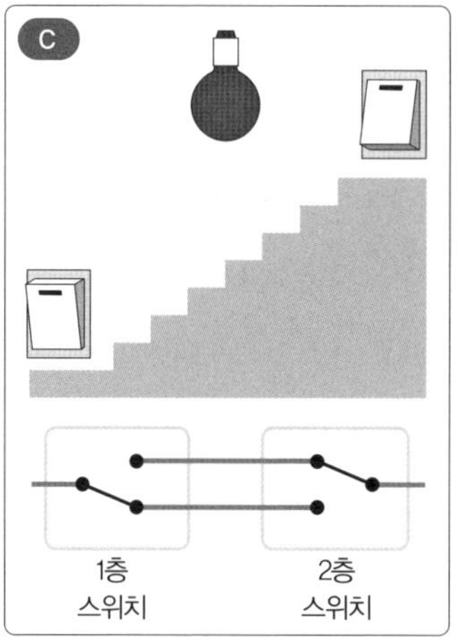

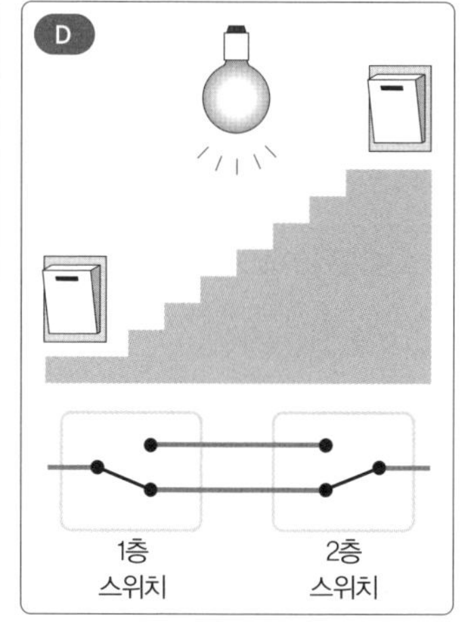

편찻값의 함정

입시에 사용되는 편찻값

입시철이 되면 자주 쓰이는 통곗값이 있다. 바로 '편찻값(한국의 표준점수에 해당한다－옮긴이)'이다. 학생 여러분은 종종 들어 본 말일 것이다.

일본에서 편찻값은 오래전에 육군의 포병 훈련에 사용되던 것이 그 시작으로 알려져 있다. 그리고 학력을 측정하는 지표로서 편찻값을 응용한 '학력 편찻값(표준편차)'이 있다. 이를테면 평균값을 편찻값 50으로 놓았을 때 자신의 점수가 여기에서 얼마나 떨어져 있는지를 보여 준다.

입시를 준비하는 학생들이 지망하는 학교나 응시할 학교를 결정할 때 편찻값을 이용하기도 한다. 그런데 편찻값은 정말 신뢰할 만한 수치일까? 수학적으로 생각해 보자.

편찻값을 구하는 방법

여러분은 편찻값을 구하는 방법을 아는가? 편찻값에 시달려 왔던 것에 비해 잘 모르는 사람이 많지 않을까 싶다. 그러면 계산기를 이용해서 실제로 편찻값을 구해 보자.

학생 5명이 수학 시험을 봐서 다음과 같은 점수를 받았다. 그들의 편찻값을 구해 보자.

〈점수〉

A : 100점

B : 80점

C : 55점

D : 40점

E : 0점

편찻값은 다음 식을 사용해서 구할 수 있다.

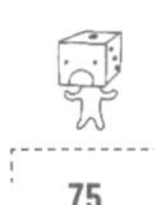

◆ 편찻값을 구하는 방법

$$\text{편찻값} = \frac{\text{편차}}{\text{표준편차}} \times 10 + 50$$

◆ 편차와 표준편차를 구하는 방법

편차 = 점수 − 평균 점수

$$\text{표준편차} = \sqrt{\frac{\text{각 학생 편차의 제곱의 합}}{\text{시험을 본 학생 수}}}$$

식에 나오는 표준편차라는 말이 낯설게 느껴질 수도 있다. 표준편차는 균일하지 않음을 나타내는 지표다. 표준편차의 값이 작으면 평균 점수와 가까운 위치에 분포가 집중되고(비교적 균일하고), 표준편차의 값이 클 경우는 분포가 좀 더 광범위해진다(균일하지 않게 된다).

그러면 수치를 넣어서 계산해 보자.

5명의 평균 점수는 그들의 점수 총합을 인원수로 나누어 구한다.

5명의 평균 점수＝(100+80+55+40+0)÷5=275÷5=55(점)

평균 점수에서 편차를 구하고, 편차에서 표준편차를 구하면 34.4점이 된다. 다음으로 편차와 표준편차를 이용해서 각 학생의 편찻값을 계산하면 다음과 같다.

〈편찻값〉

A : 63.1

B : 57.3

C : 50

D : 45.6

E : 34.0

◆ 5명의 시험 결과에서 표준편차를 구하면

$(A의\ 편차)^2 = (100-55)^2 = 2025$

$(B의\ 편차)^2 = (80-55)^2 = 625$

$(C의\ 편차)^2 = (55-55)^2 = 0$

$(D의\ 편차)^2 = (40-55)^2 = 225$

$(E의\ 편차)^2 = (0-55)^2 = 3025$

$$표준편차 = \sqrt{\frac{2025+625+0+225+3025}{5}} ≒ 34.4(점)$$

◆ 5명의 시험 결과에서 편찻값을 구하면

$$A의\ 편찻값 = \frac{100-55}{34.4} \times 10+50 ≒ 63.1$$

$$B의\ 편찻값 = \frac{80-55}{34.4} \times 10+50 ≒ 57.3$$

$$C의\ 편찻값 = \frac{55-55}{34.4} \times 10+50 = 50$$

$$D의\ 편찻값 = \frac{40-55}{34.4} \times 10+50 ≒ 45.6$$

$$E의\ 편찻값 = \frac{0-55}{34.4} \times 10+50 ≒ 34.0$$

편찻값이 평균보다 높은 A와 B는 성적이 우수하고, 평균과 상당히 차이가 나는 E는 좀 더 열심히 공부해야 한다고 말할 수 있을 것이다.

편찻값의 함정에 주의하자!

첫 번째 시험에서 0점을 받은 E는 그 뒤로 열심히 공부를 했고, 그렇게 열심히 공부한 덕분에 두 번째 시험에서 80점이라는 높은 점수를 받았다. 그리고 '저번보다는 편찻값이 많이 올랐을 거야!' 하고 기대감 속에서 성적표를 받아들었다. 놀랍게도 첫 번째 시험 때보다 편찻값이 더 낮은 것이 아닌가? E가 충격을 받은 것은 두말할 필요도 없다.

거짓말 같은 이야기지만 정말로 이런 일이 일어날 수 있다. 그 함정을 파헤쳐 보자.

〈두 번째 시험의 점수〉

A : 100점

B : 95점

C : 95점

D : 90점

E : 80점

(5명의 평균 점수는 92점)

〈두 번째 시험의 편찻값〉

A : 61.8

B : 54.4

C : 54.4

D : 47.1

E : 32.3

(표준편차는 6.78점)

편찻값의 경우, 평균값에 따라서는 '0점을 받았을 때보다 높은 점수를 받았을 때 편찻값이 오히려 낮아질 수' 있다. 두 번째 시험에서는 5명 모두 성적이 좋았기 때문에 평균 점수가 92점으로 높았던 것이다.

◆ 정규 분포의 그래프

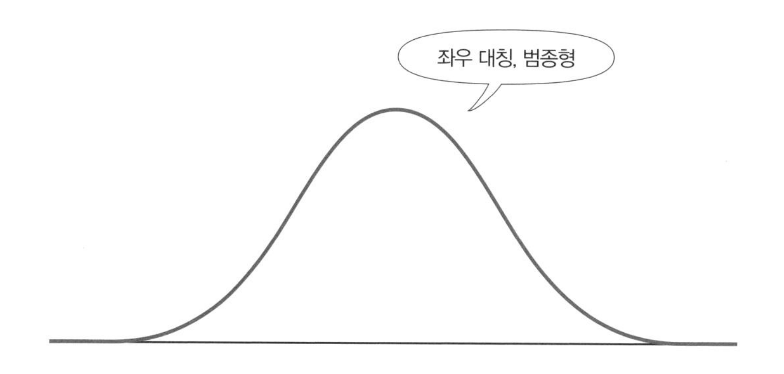

평균 점수의 차이는 금방 알 수 있지만, 진짜 '편찻값의 함정'은 '점수의 분포가 정규 분포인가 아닌가?'에 있다. 이것은 시험 결과의 편찻값을 신뢰할 수 있느냐 없느냐와 큰 관계가 있다.

정규 분포란 평균 점수 부근에 가장 많이 집중되어 있고 100점이나 0점에 가까워질수록 적어지는 분포로, 그래프를 그리면 그 모양은 '좌우 대칭', '범종형'이 된다. 편찻값을 파악할 때 중요한 것은 '몇 명의 집단에 대해 산출했는가?'이다. 점수 분포가 항상 정규 분포라는 보장은 없다. 전국에서 몇만 명이 시험을 보는 대규모 시험이고 점수 분포가 정규 분포에 가까울 경우는 편찻값을 신뢰할 수 있다. 그러나 수십 명 정도가 보는 시험의 경우는 점수 분포가 정규 분포를 이루지 않기 때문에 편찻값이 별다른 의미를 갖지 못한다. 우리는 시험 결과를 볼 때 편찻값이라는 '수치'에 얽매이는 경향이 있다. 하지만 먼저 '시험에 몇 명이 응시했는가?', '점수의 분포는 어떻게 되는가?'를 명확히 생각해야 한다는 말이다.

학생 여러분은 편찻값에 일희일비하지 말고 그 구조를 이해한 다음 진학의 기준으로 삼기 바란다.

4 이상의 짝수에 숨은 비밀

수학의 세계에서는 해결되지 않은 수많은 난제가 수학자를 고민에 빠뜨리고 있다. 이번에는 그중 하나인 '골드바흐의 추측'을 소개하겠다.

4 이상의 짝수인 4, 6, 8, 10, 12, 14, 16, ……. 사실 여기에는 어떤 비밀이 숨어 있다. 다음 식을 보자.

4=2+2

6=3+3

$8=3+5$

$10=3+7=5+5$

$12=5+7$

$14=3+11=7+7$

$16=3+13=5+11$

식에 숨은 비밀을 깨달았는가? 그 비밀은 바로 '4 이상의 짝수=소수+소수'라는 것이다. 그러면 이어지는 수에서도 확인해 보자.

$18=5+13=7+11$

$20=3+17=7+13$

$22=3+19=5+17=11+11$

18, 20, 22 역시 소수 2개의 합으로 나타낼 수 있다. 그렇다면 이 '4 이상의 짝수=소수+소수'라는 법칙은 수가 계속된다면 영원히 이어지는 것일까?

◆ 4 이상의 짝수를 소수로 나타내면

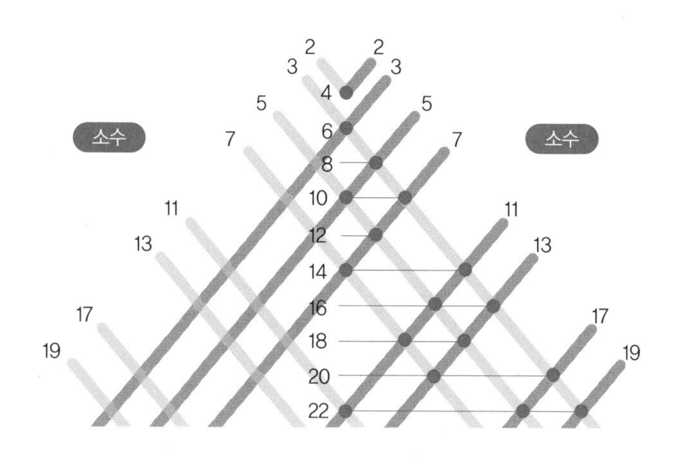

오일러와 골드바흐, 두 천재가 찾아낸 수의 비밀

18세기 독일의 수학자 크리스티안 골드바흐(Christian Goldbach, 1690~1764)는 수학자 레온하르트 오일러에게 "5보다 큰 자연수는 소수 3개의 합으로 나타낼 수 있다"는 편지를 보냈다. 그러자 오일러는 "4 이상의 짝수는 소수 2개의 합으로 나타낼 수 있다"는 답장을 보냈다고 한다.

레온하르트 오일러
(Leonhard Euler, 1707~1783)

◆ 골드바흐가 보낸 편지의 내용

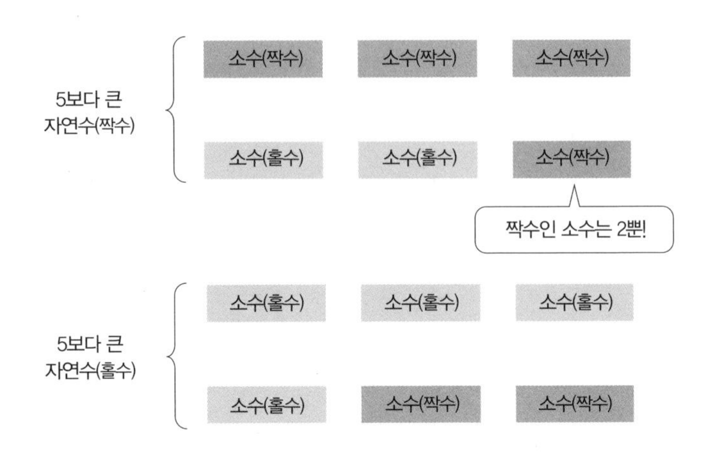

이것은 어떤 의미일까?

자연수를 짝수와 홀수로 나눠서 생각해 보자. 소수 3개의 조합을 살펴보면, 합이 홀수가 되는 조합과 짝수가 되는 조합은 각각 두 종류가 있다. 또한 소수 가운데 짝수인 수는 2뿐이다.

오일러는 골드바흐가 보낸 편지의 내용을 '6 이상의 짝수=소수+소수+2', '7 이상의 홀수=소수+소수+소수'로 바꿀 수 있다는 사실을 깨달았다. 그리고 "4 이상의 짝수는 소수 2개의 합으로 나타낼 수 있다"는 답장을 보냈다.

◆ 오일러는 골드바흐의 편지에 적힌 내용을 이렇게 고쳤다

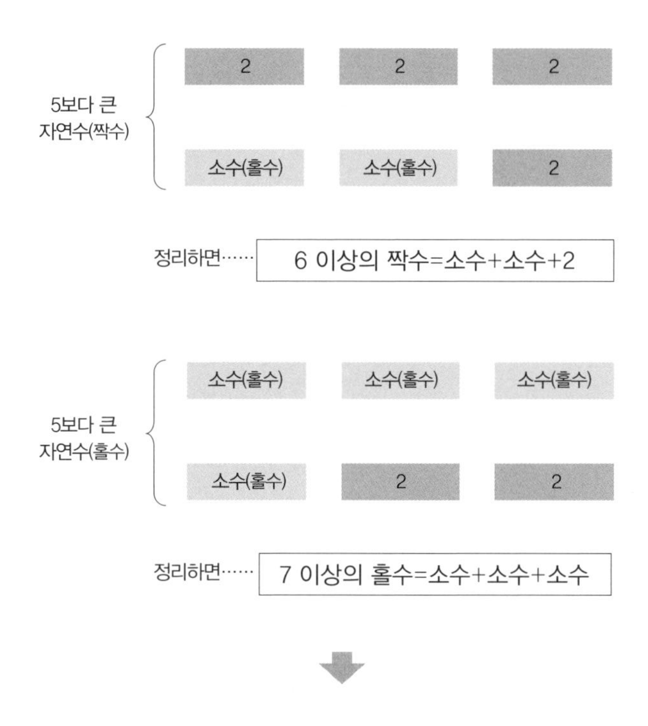

골드바흐의 추측

4 이상의 짝수는
전부 소수 2개의 합으로 나타낼 수 있다.

수학계의 난제 '골드바흐의 추측'

왜 이렇게 바꿔 말할 수 있는 것일까? 커다란 수수께끼가 남았다.

이후 수많은 수학자가 '모든' 4 이상의 짝수는 소수 2개의 합으로 나타낼 수 있음을 증명하려고 시도해 왔다. 그러나 언뜻 보면 간단할 것 같은 이 문제는 아직도 증명되지 않은 채 남아 있다. 이것이 바로 골드바흐의 추측이라고 부르는 미해결 난제다.

현대 컴퓨터의 계산 능력은 골드바흐의 추측에도 위력을 발휘해 큰 수를 검증하고 있다. 그러나 컴퓨터의 계산 능력에도 한계가 있기 때문에 '모든' 4 이상의 짝수를 조사하기란 불가능하다. 결국은 우리 인간의 두뇌로 증명할 날을 기다리는 수밖에 없다.

인류는 지금까지 긴 시간을 들여 수수께끼로 가득한 소수의 세계를 탐험해 왔다. 그리고 이 탐험은 앞으로도 계속될 것이다. 그야말로 비경(祕境)이라고 할 수 있는 소수의 세계. 소수는 언제나 나의 모험심을 자극한다.

제2장

게임하듯 즐기는 수학의 세계

오하라의 꽃장수

어린이용 까다로운(?) 문제

일본에서는 에도 시대(1603~1867)부터 메이지 시대(1868~1912)에 걸쳐 전통 수학이 연구되고 발전해 왔다. 에도 시대에는 요시다 미쓰요시(吉田光由, 1598~1673)의 《진겁기(塵劫記)》, 세키 다카카즈(関孝和, 1642~1708)의 《발미산법(發微算法)》 같은 훌륭한 수학책이 여럿 출판되었다. 이런 수학책들은 서당 등에서 교과서로 사용되었을 뿐 아니라 일반 사람들 사이에서도 유행하면서 수학 열풍을 불러일으켰다고 한다.

이번에 소개할 것은 교토의 수학자인 무라이 주젠(村井中漸,

같은 종류로 꽃을 사려면 며칠을 기다려야 할까?

Q 교토의 오하라에서 매일같이 꽃을 팔러 오는 꽃장수가 있다. 어느 날 꽃장수에게 어떤 꽃을 파는지 물어보자 '복숭아꽃, 매화, 참죽나무 꽃'이라고 해서 세 종류를 모두 샀다. 그리고 다음 날 다시 꽃장수를 찾아가 같은 꽃을 더 사려고 했는데, 그날은 '복숭아꽃, 매화, 버들강아지' 세 종류를 팔고 있었다. 집에 '복숭아나무, 매화나무, 참죽나무, 버드나무'라는 네 종류의 나무가 있어 매일 그 중에서 세 종류 꽃을 골라서 가져온다는 것이다.
모든 꽃을 균등하게 고르고 그 순서도 항상 같다고 가정한다면, 처음 구입한 날로부터 며칠 뒤에 다시 '복숭아꽃, 매화, 참죽나무 꽃'을 살 수 있을까?

1708~1797)이 쓴 《산법동자문(算法童子文)》이라는 수학책이다. 《산법동자문》은 '어린이용 수학 문제집'이라는 뜻이다. 이 책에 소개되어 있는 '오하라의 꽃장수'라는 문제에 도전해 보자. 어린이용이라고는 하지만 상당한 난도를 자랑한다.

A. 4일 후

수학에서는 '서로 다른 것 몇 가지를 순서를 고려하지 않고 꺼낼 때의 선택 방식'을 '조합'이라고 한다. 그러므로 오하라의 꽃장수는 조합 문제다.

'복숭아꽃, 매화, 참죽나무 꽃, 버들강아지' 네 종류 중에서 세 종류를 고르는 방법은 몇 가지인지 생각해 보자. 이때 '팔기 위해 가지고 나가는 꽃'을 일일이 생각하려고 하면 너무 복잡해진다. 그러니 발상을 전환해서 '집에 두고 가는 꽃'에 주목하자. '네 종류의 꽃 가운데 세 종류를 골라서 가지고 나간다'는 말은 '어느 한 종류를 집에 두고 간다'는 말과 같은 의미다. 그러니 '어떤 꽃을 집에 두고 가는가?'를 생각해 보자.

다음 페이지의 그림에서 ×가 표시된 칸을 유심히 보기 바란다. 꽃은 네 종류이므로 집에 두고 가는 꽃을 고르는 방법의 가짓수는 네 가지다. 그리고 네 종류 중에서 세 종류를 골라내는 방법의 가짓수도 그와 같음을, 다시 말해 네 가지임을 알 수 있다. 요컨대 꽃의 조합은 4일마다 한 번 바뀌며, 따라서 답은 '4일 후'가 된다.

이런 문제에 도전할 때는 '선택된 꽃'에 집중하기 쉬운데, 그렇게 되면 해답에 도달하기까지 많은 시간이 걸릴 뿐 아니라 빼먹기가 쉽다. 그러나 발상을 전환해서 '집에 두고 가는 꽃'에 주목

◆ 꽃을 고르는 방법

	복숭아꽃	매화	참죽나무 꽃	버들강아지
1일째				×
2일째			×	
3일째		×		
4일째	×			

네 종류 중에서 세 종류를 골라낸다. = 어느 한 종류를 집에 두고 간다.

하면 쉽고 빠르게 문제를 풀 수 있다.

이런 '발상의 전환'도 수학의 재미 중 하나다.

까마귀는 몇 번 울었을까?

이번에는 에도 시대의 수학책《진겁기》에 소개된 조합 문제에 도전해 보자. 독자 여러분은 계산기를 사용하지 않고 이 문제를 풀 수 있을까? 또한 답을 입으로 술술 말할 수 있을까?

Q 모래밭이 999곳 있는 섬이 있다. 각각의 모래밭에는 까마귀가 999마리 살고 있으며, 각각의 까마귀가 999번씩 울었다. 까마귀는 다 합쳐서 몇 번 울었을까?

◆ 까마귀는 다 합쳐서 몇 번 울었을까?

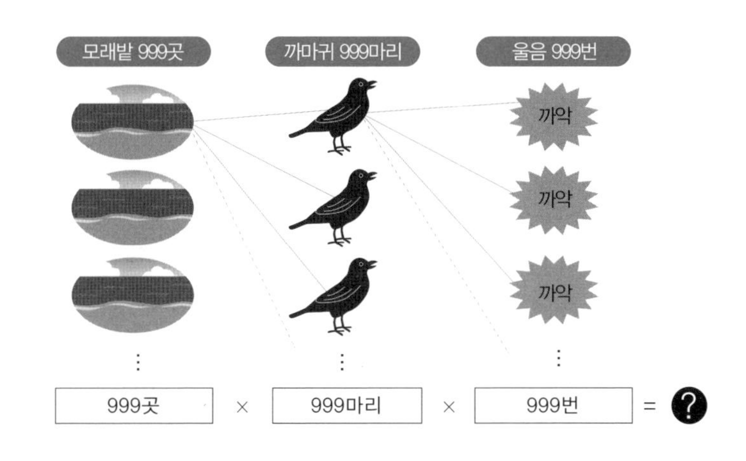

A. 9억 9,700만 2,999번

모래밭 999곳에 각각 999마리의 까마귀가 살고 있으므로, 까마귀의 수는 전부 합쳐서 999(곳)×999(마리)=998,001(마리)이다. 그리고 이 까마귀들이 각각 999번씩 울었으므로, 까마귀들이 운 횟수의 합계는 998,001(마리)×999(번)로 계산할 수 있다.

$$999 \times 999 \times 999 = 998001 \times 999$$
$$= 997002999$$

따라서 답은 9억 9,700만 2,999번이 된다.

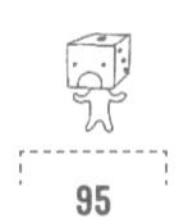

이 문제는 '까마귀 문제'라고 불린다. 에도 시대의 사람들은 현실에서 일어나리라고는 생각하기 어려운 일을 주제로 문제를 만들어서 풀기를 즐겼다. 계산이라는 행위 자체에서 즐거움을 느꼈던 것이다. 번거롭고 복잡한 계산을 전자계산기나 컴퓨터에 맡기는 현대인도 가끔은 손 계산을 즐겨 보면 어떨까?

이번에는 내가 만든 현대판 까마귀 문제에 도전해 보기 바란다.

Q | **어떤 사람이 각기 다른 종류의 모자를 99개, 상의를 99벌, 바지를 99벌, 양말을 99켤레, 신발을 99켤레 가지고 있다. 이 사람이 옷을 조합해서 입을 수 있는 방법은 모두 몇 가지일까?**

◆ 복장의 조합은 몇 가지?

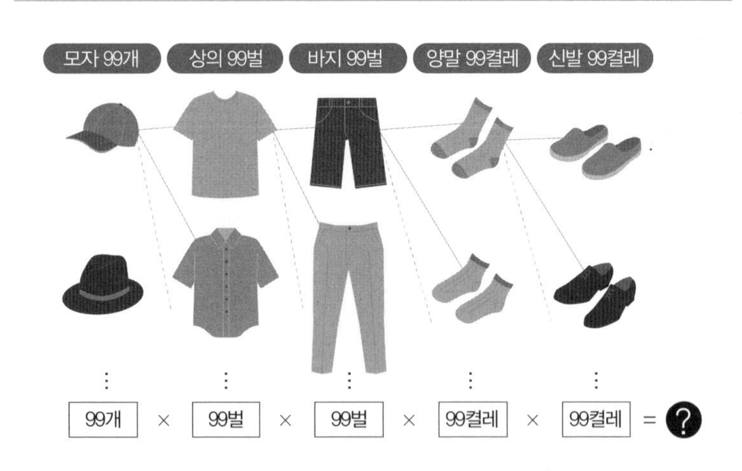

A. 95억 990만 499가지

까마귀 문제를 풀 때와 똑같은 방법으로 생각해 보자. 구하는 조합은 99×99×99×99×99가지다. 그러므로 답은 95억 990만 499가지가 된다.

옷이 이만큼 있으면 과연 몇 년 동안 매일 다른 조합으로 옷을 입을 수 있을까? 9509900499(가지)÷365(일)이므로 무려 약 2,600만 년 동안 매일 다르게 옷을 입을 수 있다는 결론이 나온다.

그리고 여러분이 1개월 동안 매일 다른 조합으로 옷을 입고 싶을 때는 몇 종류의 옷이 필요할까? 각각 두 종류씩만 가지고 있으면 충분하다.

근무 시간을 효율적으로 배치하려면?

모두가 공평하게 말을 타고 가려면 어떻게 해야 할까?

에도 시대에는 무사들이 말을 타고 다녔다. 그런 시대상을 엿볼 수 있는 문제가 있다. 바로 '말 타기 문제'다.

《진겁기》에 실려 있는 다음 문제를 살펴보자.

> **Q** 갑, 을, 병, 정 4명이 여행을 떠났다. 6리의 거리를 가야 하는데, 말이 3마리밖에 없기 때문에 3명은 말에 타고 1명은 걸어야 한다. 도중에 교대를 하면서 4명 모두 같은 거리만큼 말을 타고 가려고 한다면 1명이 말을 타고 가는 거리는 얼마가 될까?

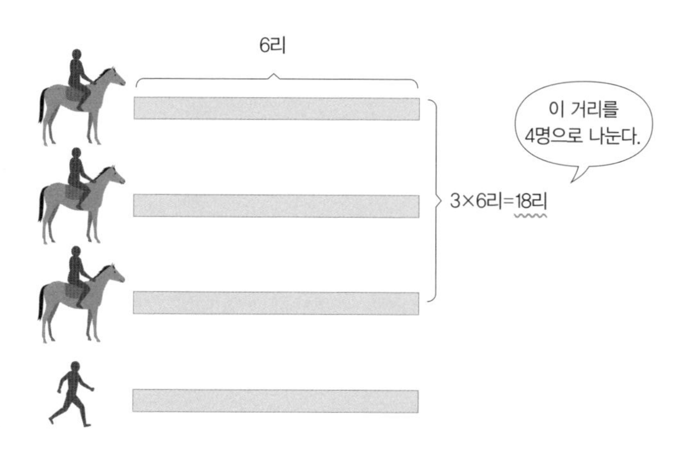

A. 4.5리

먼저 말을 타고 갈 수 있는 거리의 합계를 생각해 보자. 말이 3마리이고 6리를 가야 하므로 3×6=18리가 된다. 이 거리를 4명이 공평하게 나누면 18÷4=4.5가 되므로, 1명이 말을 타고 갈 수 있는 거리는 4.5리임을 알 수 있다. 즉 걷는 사람이 1.5리를 갈 때마다 교대하면 되는 것이다.

오늘날에도 활용되는 말 타기 문제

이 문제가 성립하는 이유는 말이 사람과 같은 속도로 걷게 할 수

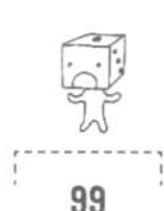

있어서다. 따라서 사람과 자동차가 같은 속도로 같은 길을 이동하기가 불가능한 오늘날에는 이런 문제가 그다지 현실적이지 못할 수도 있다.

그러나 '말 타기 문제'를 풀 때의 발상은 현대 사회에서 '일정 조정 문제'라는 형태로 활용된다. 이를테면 근무 일정을 결정할 때나 효율적인 작업 일정을 정할 때 중요한 수법인 것이다.

Q 어떤 슈퍼마켓에 A, B, C 3명이 아르바이트로 일하고 있다. 언제나 2명은 출근해서 일하게 하면서 3명의 출근 일수를 동일하게 맞추려면 각자 한 달에 며칠씩 출근시켜야 할까? 한 달은 30일이며, 슈퍼마켓은 연중무휴로 운영된다고 가정한다.

A. 20일

먼저 출근 일수의 총합을 생각해 보면, 항상 3명이 출근하므로 2×30=60일이 된다. 그리고 일하는 사람의 수가 3명이므로, 한 명이 일하는 일수는 60÷3=20일이다.

이렇게 근무 일정을 짤 경우, 1명이 30일 중에서 20일을 일하게 되므로 나머지 10일은 휴일이 된다.

◆ 근무 일정표(3일에 한 번 휴일이 있는 경우)

	1일	2일	3일	4일	5일	…	28일	29일	30일
A	휴일	출근	출근	휴일	출근	…	휴일	출근	출근
B	출근	휴일	출근	출근	휴일	…	출근	휴일	출근
C	출근	출근	휴일	출근	출근	…	출근	출근	휴일

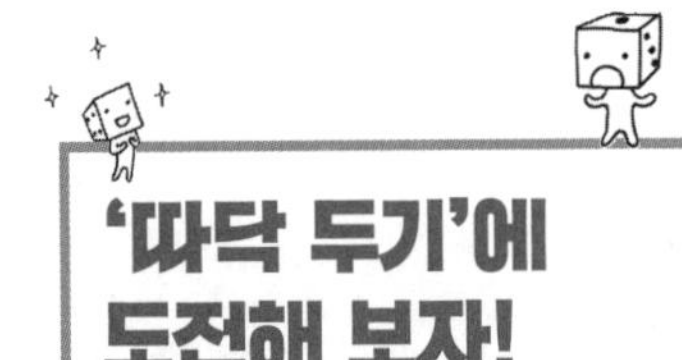

'따닥 두기'에 도전해 보자!

바둑돌을 사용한 퀴즈 게임 ①

말을 한 횟수로 바둑돌의 수를 알 수 있다?

다음은 1743년에 출판된 수학책《감자어가쌍지(勘者御加双紙)》에 나온 바둑돌을 이용한 문제다.

이것은 '따닥 두기'라는 문제로, 바둑돌을 놓을 때 "딱", "딱"이라고 소리 내어 말하는 데에서 유래한 명칭이다. 우리가 알고 있는 것은 '바둑돌의 수'와 '딱이라고 말한 횟수'뿐이다. 처음에는 주어진 힌트가 너무 적게 느껴지겠지만, 이 정보만으로도 충분히 문제를 풀 수 있다.

Q

친구에게 바둑돌 30개를 주고, 보이지 않는 곳에 바둑돌을 늘어놓게 한다. 이때의 규칙은 다음과 같다.

• 한 번에 1개 또는 2개를 놓는데, 이때 "딱"이라고 소리 내어 말한다.

친구가 "딱", "딱"이라고 말하면서 바둑돌을 놓기 시작했다. 30개를 전부 다 놓기까지 "딱"이라는 소리가 18번 들렸다면 바둑돌을 1개 놓은 횟수와 2개 놓은 횟수는 각각 몇 번일까?

◆ "딱"이라고 말하면서 바둑돌을 1개 또는 2개 놓는다

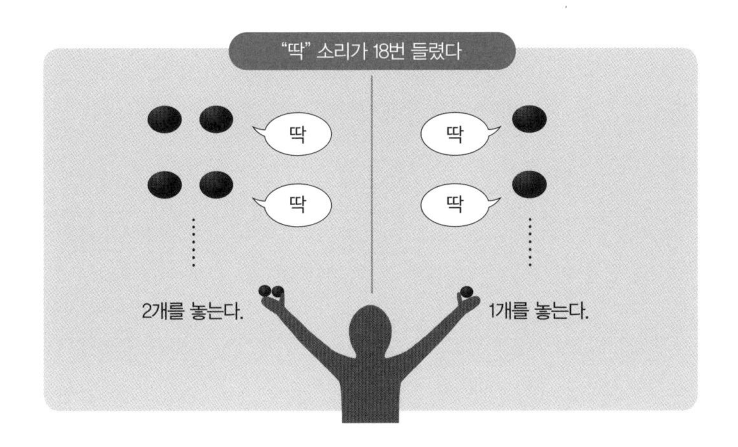

A. 1개를 6번, 2개를 12번

바둑돌을 전부 2개씩 놓았다고 가정했을 때 바둑돌의 총수를 생각한다. "딱" 소리가 18번 들렸다고 했으므로 $2 \times 18 = 36$, 즉 바둑돌을 36개 놓은 셈이 된다. 그러나 바둑돌의 총수는 30개이므로, 이 경우 $36 - 30 = 6$개가 초과한다.

이제 2개를 놓은 횟수를 줄이고 1개를 놓은 횟수를 늘린다. 즉 1개를 놓은 횟수를 늘릴 때마다 바둑돌의 총수가 1개씩 줄어든다. 다시 말해 1개를 놓은 횟수를 6번 늘리면 되는 것이다.

따라서 1개를 놓은 횟수는 6번, 2개를 놓은 횟수는 $18 - 6 = 12$번이 된다.

◆ 바둑돌을 전부 2개씩 놓았다고 가정하면

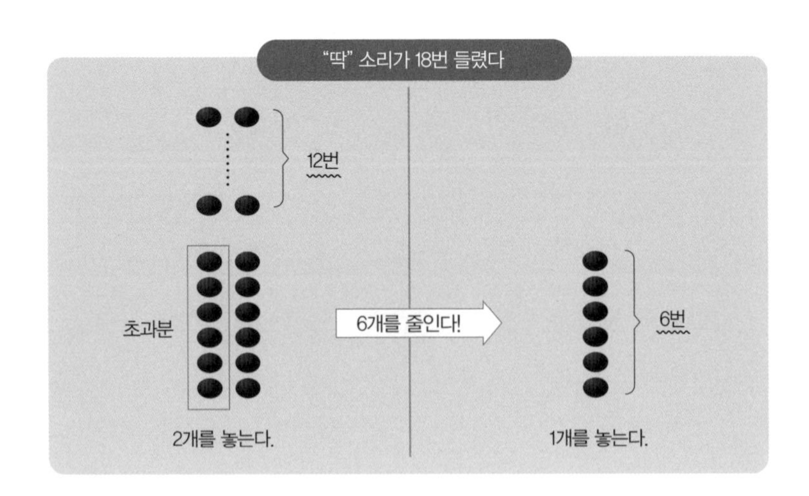

이번에는 1차 방정식을 이용해서 풀어 보자.

'딱 소리가 18번 들렸다'는 말은 '바둑돌을 전부 18번 놓았다'는 의미이므로, 1개를 놓은 횟수를 x번이라고 하면 2개를 놓은 횟수는 $18-x$번이 된다.

x를 이용해서 바둑돌의 총수를 나타내면 다음과 같다.

$x\times1+(18-x)\times2=30$

$x-2x=30-36$

$x=6$

또 연립 방정식을 이용해서 구하는 방법도 있다.

1개를 놓은 횟수가 x번, 2개를 놓은 횟수가 y번이라고 하고 연립 방정식을 세운다.

$\begin{cases} x+y=18 \cdots\cdots ① \\ x+2y=30 \cdots\cdots ② \end{cases}$ ※ "딱" 소리가 들린 횟수 / ※ 바둑돌의 총수

②−①을 하면 $y=12$ ······ ③

③을 ①에 대입하면 $x=18-12=6$

여러분도 가족이나 친구와 함께 따닥 두기 퀴즈 게임을 해 보

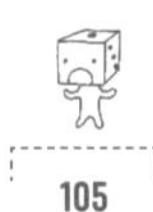

기 바란다. 바둑돌 대신 동전이나 사탕을 사용해도 재미있을 것이다. 마치 게임을 하고 있는 듯한 느낌을 받고, 수학을 오락으로서 즐기게 될 것이다. 옛사람들이 즐기던 수학이지만 오늘날에도 틀림없이 많은 사람의 마음을 사로잡을 수 있을 것이다.

약사 문제에 도전해 보자!

바둑돌을 사용한 퀴즈 게임 ②

바둑돌의 수는 전부 몇 개일까?

에도 시대 초기인 1627년에 출간된 수학책 《진겁기》에는 '약사 문제'라는 재미있는 문제가 수록되어 있다. 이번에는 이 문제에 도전해 보자.

처음에는 현대식으로 1차 방정식을 이용해서 풀어 보고, 다음에는 에도 시대에 사용되던 공식을 이용해서 풀어 보자. 그러면 왜 이 문제를 '약사 문제'라고 부르는지 알게 될 것이다.

Q 바둑돌을 늘어놓아서 정사각형의 테두리를 만들었다. 그런 다음 오른쪽 한 변의 바둑돌만 남겨 놓고 나머지 바둑돌을 오른쪽 변에 맞춰서 다시 나란히 늘어놓았다.
바둑돌을 전부 늘어놓았을 때 왼쪽 끝에 놓인 바둑돌의 수가 3개였다면 바둑돌은 전부 몇 개일까?

◆ 바둑돌은 전부 몇 개일까?

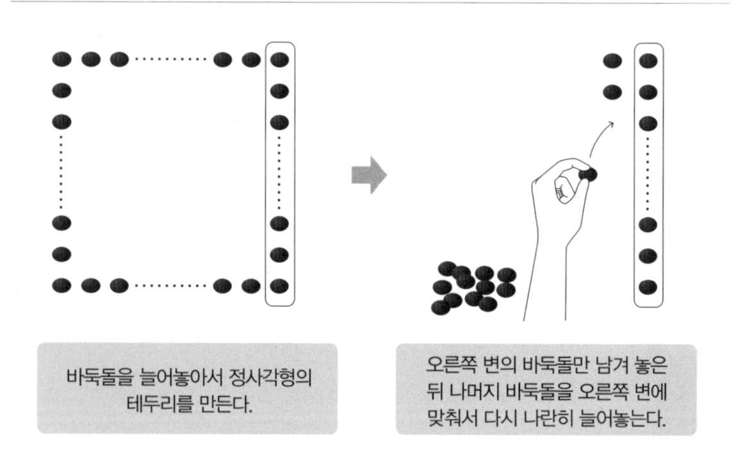

바둑돌을 늘어놓아서 정사각형의 테두리를 만든다.

오른쪽 변의 바둑돌만 남겨 놓은 뒤 나머지 바둑돌을 오른쪽 변에 맞춰서 다시 나란히 늘어놓는다.

A. 24개

한 변의 바둑돌의 수가 x개일 때 바둑돌의 총 개수는 $4x-4$개다. '-4'를 하는 이유는 네 귀퉁이의 바둑돌을 이중으로 세지 않기 위해서다.

'오른쪽 변에 맞춰서 다시 나란히 늘어놓는다'는 말은 '오른쪽 변과 같은 개수(x개)씩 늘어놓는다'는 의미이므로, 다시 늘어놓은 후의 바둑돌 총수는 $3+3x$개로 나타낼 수 있다.

다시 늘어놓기 전과 후의 바둑돌 총수는 같으므로 다음과 같은 1차 방정식을 세울 수 있다.

$$4x-4=3+3x$$

$$x=7$$

◆ 한 변의 바둑돌의 개수를 x개로 놓고 1차 방정식을 세운다

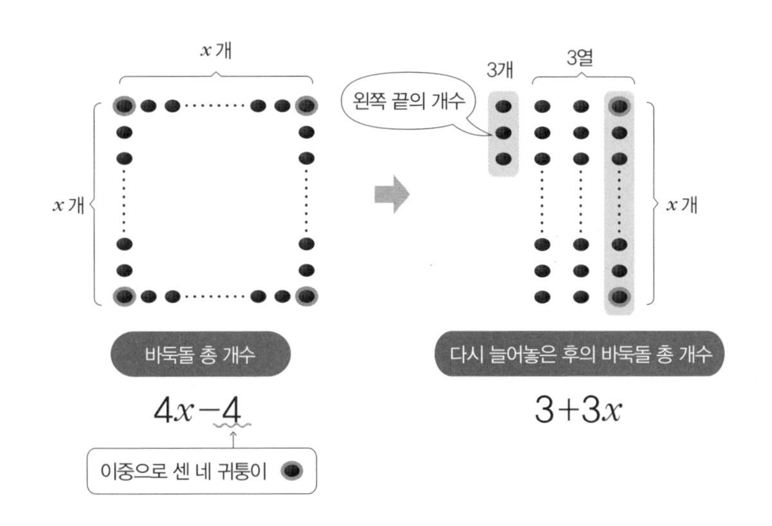

따라서 바둑돌의 총 개수는 $4\times7-4=24$개가 된다.

바둑돌의 총 개수가 $4x-4$개라는 말은 오른쪽 변에 맞추어 다시 늘어놓았을 때 4열 이상이 될 수 없음을 의미한다. 즉 다시 늘어놓으면 반드시 '왼쪽 끝에 나열된 바둑돌의 개수+3열'이라는 형태가 된다.

이제 왼쪽 끝의 개수에 관해 생각해 보자. 앞의 식에서,

$4x-4=$(왼쪽 끝의 개수)$+3x$

(왼쪽 끝의 개수)$=x-4$

가 되므로, 왼쪽 끝의 개수는 $x-4$개, 즉 1열(x개)보다 4개가 적음을 알 수 있다. 그러면 이 발상을 이용해 다음 문제에 도전해 보자.

◆ 왼쪽 끝의 개수를 살펴보면

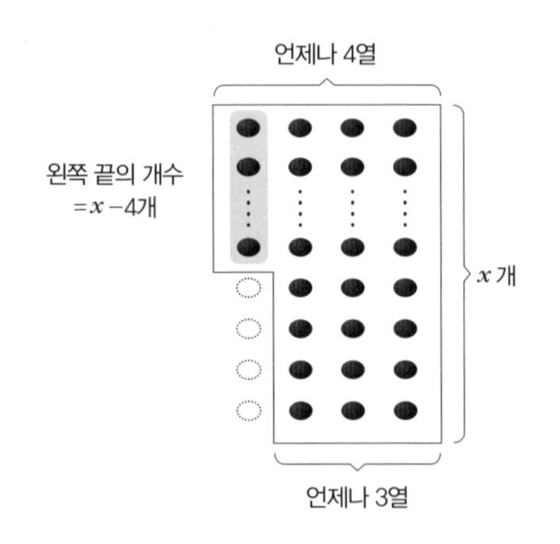

Q **바둑돌의 수를 바꿔서 정사각형의 테두리를 만든 다음 같은 방법으로 다시 늘어놓았더니 이번에는 왼쪽 끝에 6개가 남았다. 이때 바둑돌은 전부 몇 개일까?**

◆ 바둑돌의 총 개수를 구하는 방법

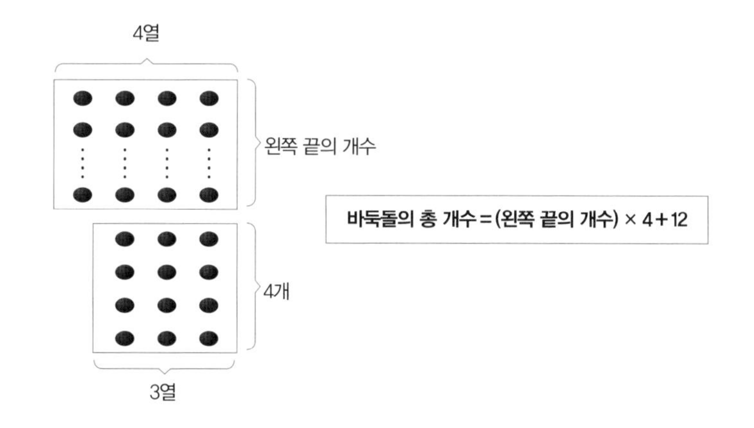

A. 36개

다시 늘어놓은 후의 바둑돌을 위의 그림처럼 위아래로 나누어 생각해 보자. 위쪽 바둑돌의 수는 (왼쪽 끝의 개수×4)개이고, 아래쪽 바둑돌의 수는 3×4=12개다. 즉 바둑돌의 총 개수는 언제나 (왼쪽 끝의 개수)×4+12라는 계산으로 구할 수 있다.

이 문제에서는 왼쪽 끝의 바둑돌이 6개이므로 바둑돌의 총수

는 $6 \times 4 + 12 = 36$개가 된다.

참고로 처음의 문제도 이 방법으로 간단히 답을 구할 수 있다 ($3 \times 4 + 12 = 24$).

약사 문제라는 명칭의 유래

왜 이 문제를 '약사 문제'라고 부르는 것일까?

그 이유는 '12'라는 수와 관련이 있다. 부처 약사여래는 수행 중에 '12대원(大願)'을 세웠고, 각각의 대원을 성취시키는 수호신 '12신장(神將)'을 거느렸다. 즉 12는 약사여래를 연상시키는 수였다. 바둑돌을 다시 늘어놓았을 때 아래쪽 바둑돌의 수가 반드시 12개가 되기 때문에 약사 문제라는 이름이 붙었을 것이다.

이렇게 생각하니 왠지 약사 문제를 풀면 부처님의 공덕을 입을 것 같은 기분이 든다.

쌀의 운반비를 쌀로 치르면

에도 시대에 쌀은 농작물인 동시에 돈이기도 했다. 《진겁기》에는 쌀의 운반비를 쌀로 치른다는 '운임 문제'가 있다. 이 문제에는 함정이 숨어 있으니 주의해야 한다.

> **Q** 배로 쌀 250섬을 운반한다. 운반비는 쌀로 치르는데, 쌀 100섬당 7섬을 지급한다. 250섬에서 선불로 운반비를 지급한다면 운반비는 얼마가 될까?

A. 16섬 3말 5되 5홉 1작 4초

'1섬에 대한 운반비가 0.07섬이니까 쌀 250섬에 대한 운반비는 그 0.07배이겠지'라고 생각한다면 이 문제의 함정에 걸려든 것이다. 선불로 운반비를 지급한다는 사실을 생각해야 한다.

운반하기 전에 쌀로 운임을 지급하므로 실제로 운반하는 쌀의 양은 250섬보다 줄어든다. 즉 '운반비를 지급한 뒤의 쌀의 양'에 대해 운임이 들어간다는 것이 함정이다.

운반비가 x섬 들어간다고 하자. 실제로 운반하는 쌀의 양은 $250-x$섬이므로 이에 대한 운반비는 $(250-x)\times0.07$섬이 된다. 그리고 이것이 운반비 x섬이므로 1차 방정식을 세워서 풀어보자.

$$x=(250-x)\times0.07$$

$$1.07x=17.5$$

$$x\fallingdotseq16.355140\cdots\cdots$$

따라서 답은 16섬 3말 5되 5홉 1작 4초가 된다.

계산하면 이런 결과가 나오는데 실제로는 이렇게 지불하기 어렵다. 보통 홉까지는 사용했지만 작이나 초는 실생활에서는 불편한 단위였으니 말이다.

◆ 쌀의 양을 세는 단위

1섬 = 10말
1말 = 10되
1되 = 10홉
1홉 = 10작
1작 = 10초

현대판 운임 문제에 도전해 보자.

오늘날 '운임'이라고 하면 대중 교통의 요금을 떠올릴 수 있다.

여기에서는 택시 요금을 예로 들어 다음의 현대판 운임 문제를 풀어 보자.

Q A, B, C 세 명이 택시를 함께 타고 가기로 했다. 4킬로미터를 이동했을 때 A가 내리고, 그 후 3킬로미터를 이동했을 때 B가 내렸으며, 5킬로미터를 더 이동했을 때 C가 내리고 요금으로 1만 1,960원을 냈다.
각자 탄 거리에 맞춰서 택시 요금을 내기로 한다면 각각 얼마씩을 내야 할까?

◆ 각자 자신이 탄 거리에 맞춰서 돈을 낸다

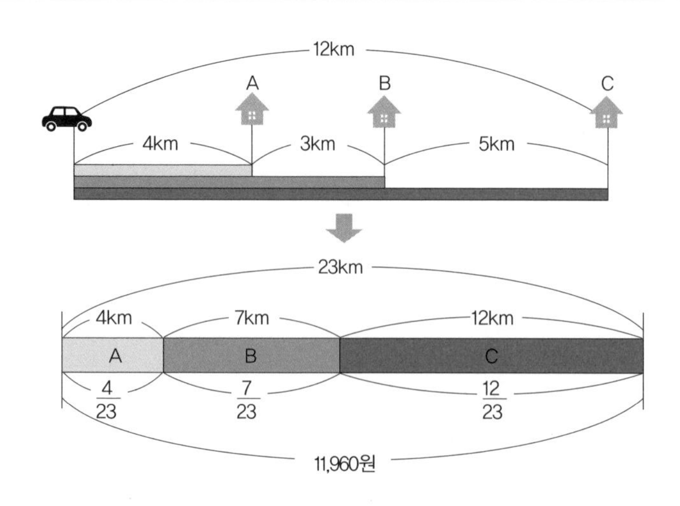

A. A는 2,080원, B는 3,640원, C는 6,240원을 낸다.

세 명이 각각 얼마나 택시를 탔는지 그림으로 나타내 보자.

A는 4킬로미터, B는 7킬로미터, C는 12킬로미터를 탔다. 세 명이 탄 거리를 더하면 4+7+12=23킬로미터다. 다시 말해 택시 요금을 A가 $\frac{4}{23}$, B가 $\frac{7}{23}$, C가 $\frac{12}{23}$를 부담하면 되는 것이다. 그러므로

A : $\frac{4}{23} \times 11960 = 2080$(원)

B : $\frac{7}{23} \times 11960 = 3640$(원)

$$C : \frac{12}{23} \times 11960 = 6240(\text{원})$$

이 된다.

두 여행자는 언제 만나게 될까?

여행을 좋아한 에도 시대 사람들

에도 시대에 우타가와 히로시게(歌川広重, 1797~1858)가 그린 〈도카이도(東海道) 53경치〉나 짓펜샤 잇쿠(十返舎一九, 1765~1831)가 쓴 해학 소설 〈도카이도 도보 여행기(東海道膝栗毛)〉 등이 당시 큰 인기를 얻었던 것을 보면, 에도 시대 사람들은 여행을 참으로 좋아했던 모양이다(도카이도는 에도 즉 현재의 도쿄와 교토를 연결하는 주요 도로를 가리킨다－옮긴이).

그래서인지 당시의 수학에는 '여행자 문제'라는 재미있는 것이 있다. 《산법계고도회대성(算法稽古圖會大成)》이라는 책에 나오

Q 교토에서 도쿄로 가는 사람(갑)은 하루에 7리 반씩 걷고 있다. 한편 도쿄에서 교토로 가는 사람(을)은 하루에 12리 반씩 걷고 있다. 이 두 사람이 같은 날 출발한다면 각각 몇 리를 걸었을 때 만나게 될까? 교토와 도쿄의 거리는 120리다.

◆ 두 사람은 언제 만날까?

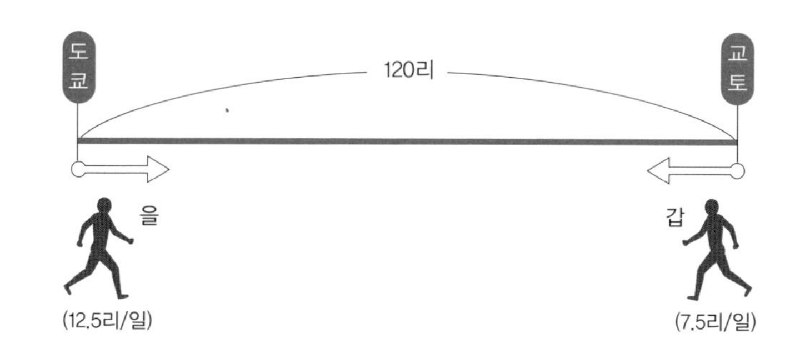

는 문제인데, 한번 도전해 보자.

A. 갑이 45리, 을이 75리를 걸었을 때 만난다.

갑과 을이 하루를 걸었을 때 가까워지는 거리는 7.5+12.5=20이므로 20리다. 그런데 교토와 도쿄는 120리 떨어져 있으므로,

120÷20=6에 따라 두 사람은 6일 후에 만나게 된다.

두 사람이 6일 동안 걷는 거리를 각각 구하면, 갑은 7.5×6=45이므로 45리, 을은 12.5×6=75이므로 75리가 된다.

이 문제에서 사용된 단위에 주목하기 바란다. 이동 거리의 단위는 '리(1리는 약 3.93킬로미터)', 이동 시간의 단위는 '일(日)'이다. 지금은 고속철 신칸센을 타면 도쿄에서 교토까지 2시간 반 정도밖에 안 걸리지만, 당시의 여행자들은 하루에 약 10리(약 40킬로미터)씩 걸으면서 며칠에 걸쳐 여행을 했다고 한다. 사용된 단위에서도 당시 사람들이 어떤 식으로 여행을 했는지를 조금이나마 엿볼 수 있다.

그러면 이번에는 내가 만든 문제에 도전해 보기 바란다.

Q A지점에 X, B지점에 Y라는 사람이 있다. A지점에서 B지점까지 걸어가는 데 X는 20분, B지점에서 A지점까지 걸어가는 데 Y는 30분이 걸린다.
서로 상대가 있는 곳을 향해서 동시에 걷기 시작한다면 두 사람은 몇 분 후에 만나게 될까?

이 문제는 앞의 문제와 달리 전체 거리(두 지점 사이의 거리)가

◆ 두 사람은 1분마다 얼마나 가까워질까?

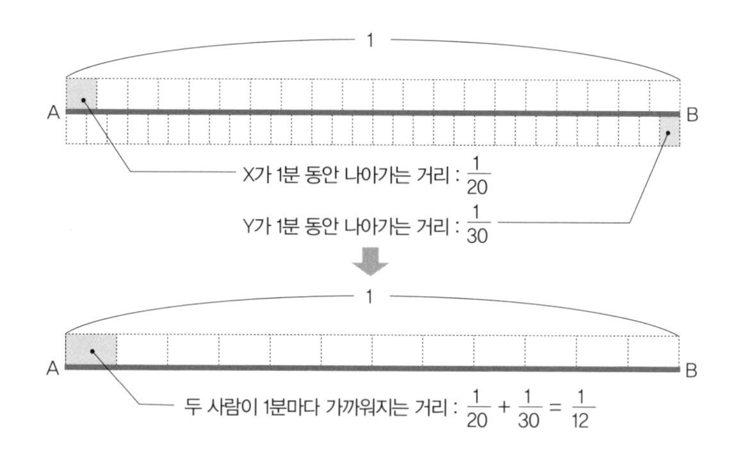

주어져 있지 않다. 이럴 때는 전체 거리를 '1'이라고 생각하는 것이 포인트다.

A. 12분 후 만난다.

A지점과 B지점 사이의 거리를 1이라고 하면, X가 1분 동안 걸어가는 거리는 전체의 $\frac{1}{20}$, Y가 1분 동안 걸어가는 거리는 전체의 $\frac{1}{30}$ 이다.

$$\frac{1}{20} + \frac{1}{30} = \frac{3}{60} + \frac{2}{60} = \frac{5}{60} = \frac{1}{12}$$

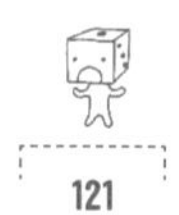

두 사람의 거리는 1분마다 전체의 $\frac{1}{12}$씩 줄어든다. 따라서 두 사람은 $1 \div \frac{1}{12} = 12$분 후에 만나게 된다.

제3장

수학 이야기는 계속된다

식은 커피에 담긴 수식

일상생활 속의 지수 함수 $y=e^x$

공부나 일을 열심히 하다 한숨 돌리면서 마시는 따뜻한 커피 한 잔은 마음을 치유해 준다. 우리는 온도의 변화에 매우 민감하다. 커피를 마시면서 그 온도 변화를 맛보고 있다고도 할 수 있다.

커피를 컵에 따른 직후(섭씨 90도)의 온도 변화를 살펴보자. 매우 뜨거웠던 커피의 온도는 시간이 지나면서 실온과 같은 온도까지 떨어진다. 이 변화를 식으로 나타내면 다음과 같다.

$$t\text{분 후의 온도(T)} = \text{실온} + (\text{커피의 온도} - \text{실온}) \times e^{-0.5t}$$

◆ 90℃인 커피의 온도 변화(실온 25℃)

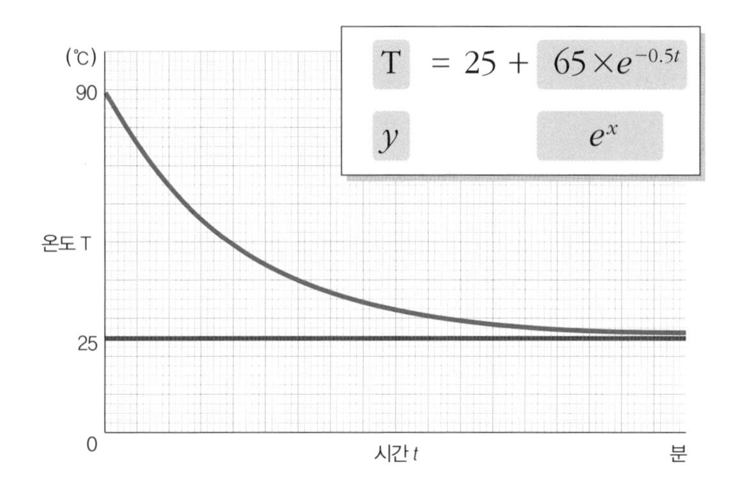

실온이 섭씨 25도라고 하면, $T=25+(90-25)\times e^{-0.5t}=25+65\times e^{-0.5t}$이 된다.

여기에서 주목할 것은 온도와 시간의 관계식에 있는 e라는 상수다. 이것은 자연 로그의 밑 또는 '네이피어 수'라고 부르는, 수학에서는 중요한 기본 상수 중 하나다.

e는 $e=2.718281828459045\cdots\cdots$로 계속되는 무리수다.

e를 사용한 함수 $y=e^x$를 지수 함수라고 한다. 커피의 온도 변화를 나타내는 식도 y를 T로, e^x를 $65\times e^{-0.5t}$로 치환하면 지수 함수임을 알 수 있다.

이와 같이 관계가 지수 함수로 표현되는 자연 현상이나 사회 현상으로는 세균의 번식, 세포의 분열, 복리의 원리합계(원금과 이자를 합친 금액) 등 여러 가지가 있다.

왜 커피의 온도 변화에 이런 함수가 나타나는 것일까? 그 이유를 간단히 설명하면 다음과 같다. 식에서도 알 수 있듯이 커피의 온도가 내려가는 속도는 그 순간의 커피 온도와 실온(외부 기온)의 온도 차이에 비례한다. 이를테면 겨울일 경우(기온 섭씨 10도)와 여름일 경우(기온 섭씨 35도)를 생각해 보자. 섭씨 90도인 커피의 온도는 어떻게 변화할까?

겨울에는 $10+(90-10)\times e^{-0.5t}=10+80\times e^{-0.5t}$

여름에는 $35+(90-35)\times e^{-0.5t}=35+55\times e^{-0.5t}$

5분 후($t=5$)의 값을 비교해 보면 겨울에는 섭씨 약 16.6도, 여름에는 섭씨 약 39.5도가 된다. 요컨대 같은 온도의 커피라도 기온과 온도 차이가 크면 금방 식고 온도 차이가 적으면 '잘 식지 않아서 얼마 동안은 따뜻하게 마실 수 있다'는 말이다.

오일러는 자연 현상을 수식화했다

"욕조 물이 식으니 얼른 목욕을 하렴."

내가 어렸을 때 어머니께서는 자주 이렇게 말씀하셨다. 우리는 뜨겁게 데운 욕조의 물은 급격하게 식는다는 사실을 경험으로 알고 있다.

여기에서 나온 상수 e라는 기호의 유래는 알려져 있지 않지만, 이것을 발견한 수학자 레온하르트 오일러(Euler)의 머리글자와 일치한다. 아마도 오일러는 자연 현상의 배경에 숨어 있는 정리를 멋지게 해명하고는 자신의 눈앞에 나타난 수에 경이로움을 느꼈을 것이다. 그래서 자연에 대한 최대한의 경의와 자신이 이루어 낸 업적에 대한 자부심을 담아 자신의 이름의 머리글자인 e를 사용한 것은 아닐까?

신기한 토폴로지

위상 기하학을 기점으로 펼쳐지는 학문

도형이나 공간의 성질을 연구하는 기하학. 그중에서도 사물의 연결 방식에 주목하는 '위상 기하학(토폴로지)'이라고 부르는 새로운 분야가 있다. '연결 방식에 주목한다'는 것은 도형을 볼 때 연결되어 있는 선을 늘리거나 줄이거나 구부리기를 허용한다는 의미다. 이렇게 생각하면 옆의 그림처럼 삼각형과 사각형, 원을 모두 똑같은 것으로 간주할 수 있게 된다. 신기하지 않은가?

도형의 모양이나 위치를 '고정된 것'으로 파악하지 않는 위상 기하학의 발상은 또 다른 새로운 분야를 만들어 내는 토대가 되

었다. 그중 몇 가지 이론을 소개하겠다.

첫째는 '매듭 이론'이다. 매듭 이론이란 하나의 끈으로 만들어진 고리의 매듭을 수학적으로 나타내고 연구하는 학문이다. 최근 들어 매듭 이론이 물리학과 생명과학에 응용되고 있으며, DNA가 만드는 '매듭' 또한 활발히 연구되고 있다.

뒤 페이지의 그림을 보자. 끈을 묶은 모양이 DNA라는 생명의 비밀과 관련되어 있다. 신기하고 또한 신비하다는 생각이 든다.

또 한 가지는 '그래프 이론'이다. 그래프 이론이란 꼭짓점(node)의 집합과 변(edge)의 집합으로 구성되는 그래프의 성질을 연구하는 학문이다. 꼭짓점과 변으로 구성된 도형을 그래프라고 하는데, 현재 그래프 이론은 전기 회로나 컴퓨터 네트워크·도로 교통 등의 수학 모델로 연구되고 있다.

이런 기술이 없는 생활은 상상할 수 없는 시대임을 생각하면, 위상 기하학은 우리의 일상과 밀접한 관계가 있다고 할 수 있다.

◆ 매듭은 몇 개?—매듭 이론

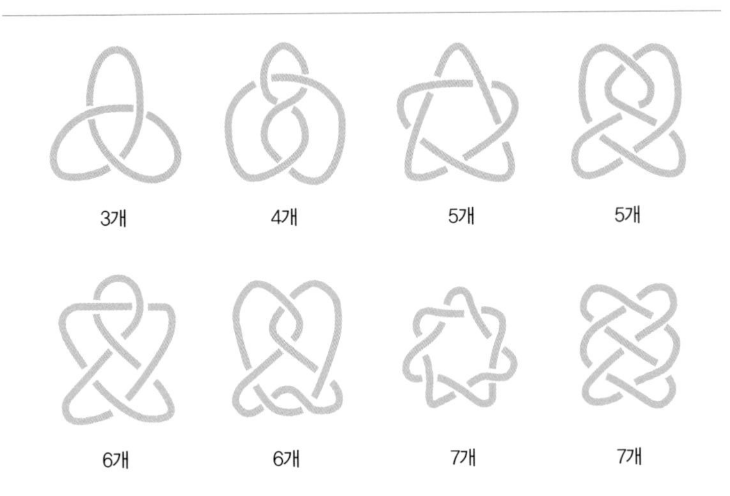

◆ 철도의 노선도와 그래프 이론

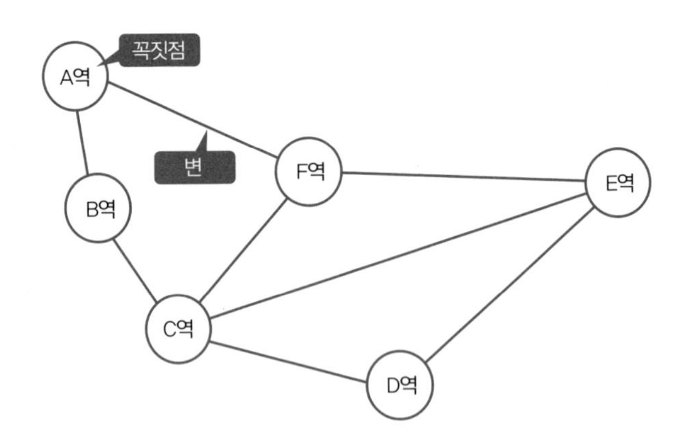

우주는 어떤 형태일까?

그러면 수학 세계의 이야기로 넘어가자. 독일의 수학자 베른하르트 리만은 '다양체'라는 개념을 제창했다. 다양체란 어떤 점의 영역을 그곳만 주목하여 관찰할 때 보통의 공간과 똑같아지는 도형이다.

베른하르트 리만
(Bernhard Riemann, 1826~1866)

지구의 표면은 평면이므로 2차원 다양체다. 이런 식으로 생각하면 우주 공간(시공간이 아니라 공간만 생각한다)은 3차원 다양체라고 할 수 있다.

3차원 다양체로서의 우주는 어떤 형태를 띠고 있을까? 수많은 의문이 제기되었지만, 탁월한 예상을 제시한 유명한 수학자가 프랑스의 수학자 앙리 푸앵카레다. 1904년에 그는 '단일 연결로 닫힌 3차원 다양체는 3차원 구면과 위상동형이다', 즉 '토러스(원환체)처럼 구멍이 뚫려 있지 않은 우주는 둥글 것이다'라는 추측을 했다. 여러분이 좋아하는 링 도넛 모양을 수학적 용어로는 토러스라고 부르는데, 이를 이용해 쉽게 말하자면 '링 도넛이 아닌 동그란 도넛은 수박처럼 둥근 것이다'가 되는 것이다. 이것이 유명

단일 연결로 닫힌 3차원 다양체는 3차원 구면과 위상동형이다.

한 난제인 '푸앵카레 추측'이다.

위상 기하학에서의 푸앵카레 추측에는 '폐곡면'이라는 개념이 있다. 폐곡면이란 '닫혀 있으며 내부에 공간의 일부를 완전히 감싸고 있는 곡면'을 가리킨다. 이를테면 뫼비우스의 띠나 토러스 같은 원의 곡면이 폐곡면이다.

앙리 푸앵카레
(Henri Poincaré, 1854~1912)

이 난제는 약 100년 후인 2002년에 러시아의 수학자 그리고리 페렐만(Grigori Perelman, 1966~)의 손에 의해 '3차원 다양체를 수학적으로 전부 분리한다'는 형태로 해결되었다(세계 7대 수학 난제이던 '푸앵카레 추측'을 단 세 장의 논문으로 발표하여 2006년 수학의 노벨상이라 불리는 필즈상 수여가 확정되었다. 그러나 그는 수상식 참석은

◆ 폐곡면

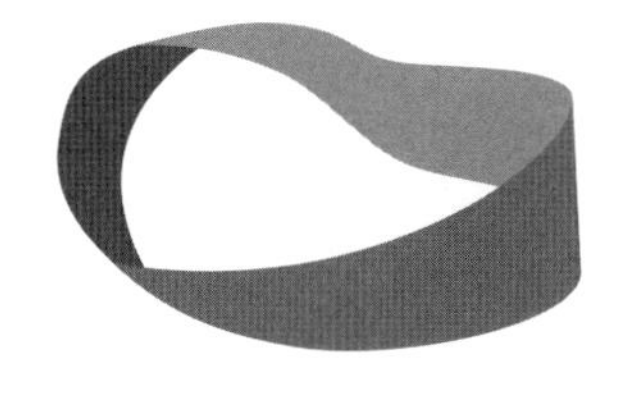

뫼비우스의 띠

토러스

물론 수상을 거부한 것으로 유명하다. 푸앵카레 추측에 대한 공로를 인정받아 미국의 클레이수학연구소에서도 상금 100만 달러를 수여하겠다고 발표했으나, 이 또한 거부하여 수학계를 더욱 놀라게 했다. 그가 부자여서 상금을 거부한 것은 아니다. 어머니의 연금으로 생활하는 어려운 형편이었음에도 그가 두 상을 거부한 이유는 알려져 있지 않다-감수자).

이와 같이 위상 기하학(토폴로지)은 수학을 비롯한 다양한 분야에서 발전·응용되고 있다. 분명 신기한 학문이지만, 새로운 가능성을 지닌 연구 분야라고 할 수 있을 것이다.

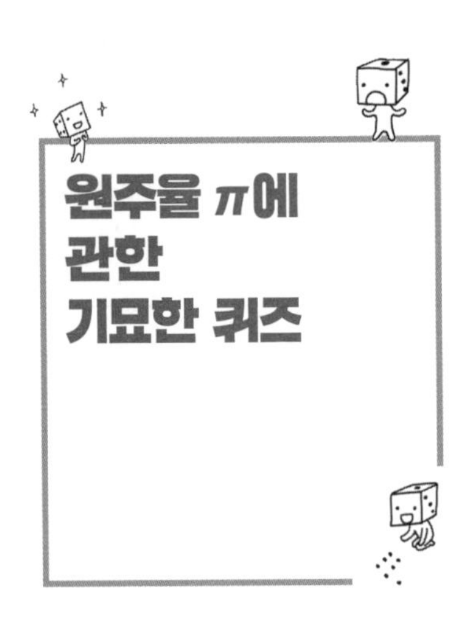

원주율 π에 관한 기묘한 퀴즈

원주율 $\pi=2$?

맨홀, 타이어, 공, 동전……. 우리는 '원'이라는 모양의 편리성과 아름다움을 일상생활 속에서 활용하고 있다. 그리고 원과 함께 살고 있다.

원의 지름과 원둘레의 비를 의미하는 원주율 π는 수수께끼에 싸인 수다. 그리스의 아르키메데스를 비롯해 중국의 조충지, 이탈리아의 피보나치, 일본의 세키 다카카즈, 인도의 라마누잔 등 동서고금의 수학자와 과학자 들이 원주율에 매료되어 탐구를 계속해 왔다.

아르키메데스
(Archimedes, 기원전 287?~기원전 212?)

조충지
(祖沖之, 429~500)

레오나르도 피보나치
(Leonardo Fibonacci, 1170?~1250?)

세키 다카카즈
(関孝知, 1642~1708)

스리니바사 라마누잔
(Srinivasa Ramanujan, 1887~1920)

그러면 원둘레를 구하는 공식인 '원둘레=2π ×반지름'을 이용한, 원주율 π에 관한 기묘한 퀴즈에 도전해 보자.

어느 날 아버지가 아들에게 수학 퀴즈를 냈다.

아버지 반지름이 1인 반원을 그려 보렴. 이 반원의 원둘레는 어느 정도일까?

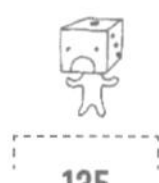

아들 반지름이 1인 원의 원둘레는 $2\pi \times 1$이에요. 반원은 그 절반이니까……. π네요!

아버지 맞아. 그리고 반지름이 그 절반($\frac{1}{2}$)인 반원 2개의 원둘레도 π겠지? 다시 반지름이 그 절반($\frac{1}{4}$)인 반원 4개의 원둘레도 π겠고……. 그렇다면 이런 식으로 반지름을 계속 줄여 나갔을 때 마지막에는 어떻게 될까?

아들 반지름이 계속 작아지면 원둘레는 직선에 가까워지니까……. 마지막에는 원둘레하고 지름의 길이가 같아지나요?

아버지 땡! 틀렸어. 지름의 값은 2이고 π의 값은 3.14니까 같아질 수는 없단다.

아들 음……. 그림을 그려 보면 그게 맞는 거 같은데…….

여러분은 아들이 어떤 부분을 잘못 생각하고 있는지 알겠는가?

사실은 반지름이 계속 작아지면 원둘레는 직선에 가까워진다고 생각한 부분에 문제가 있다. 아무리 반지름이 작아지더라도 원둘레가 '호'를 그리고 있다는 성질은 변하지 않는다. 아무리 반지름을 작게 만들더라도 '직선'인 지름과는 애초에 성질이 다르다. 그러므로 '원둘레와 반지름의 길이가 같아지는' 일은 절대 일

◆ 원주율 π가 지름 2와 같아진다?

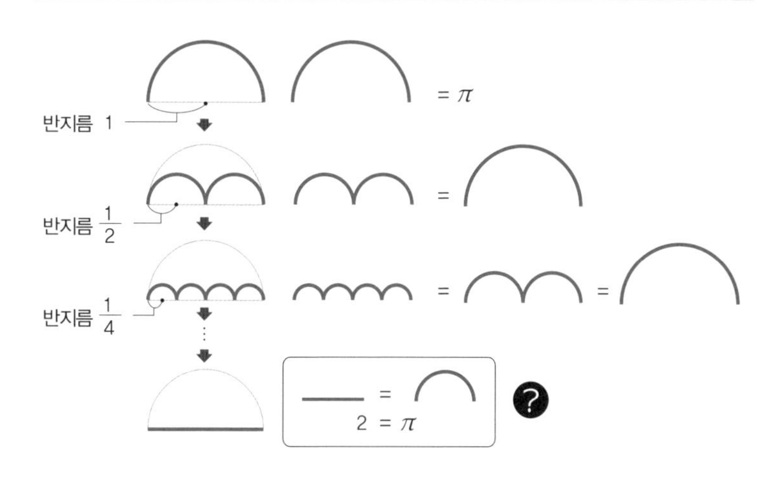

어날 수 없다.

참고로 이 문제와 같은 방식으로 반지름을 줄여 나가도 원둘레의 합계는 언제나 π가 된다.

도형에는 각각의 성질이 있는데, '그림으로 그리는' 행위가 그 성질을 보이지 않게 만드는 경우가 있으니 주의하기 바란다.

지구를 밧줄로 한 바퀴 감으면?

아버지가 아들에게 또 다른 퀴즈를 냈다.

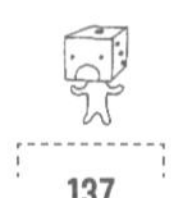

아버지 지구의 반지름이 얼마나 되는지 알고 있니?

아들 학교에서 약 6,400킬로미터라고 배웠어요!

아빠 오, 잘 알고 있구나. 그렇다면 만약 지구를 밧줄로 한 바퀴 감는다면 필요한 밧줄의 길이는 얼마일까?

아들 $2\pi \times 6400$이니까, 약 4만 킬로미터의 밧줄이 필요해요.

아빠 이번에는 지상으로부터 1미터 높이를 밧줄로 한 바퀴 감는다고 가정해 보자. 그럴 경우는 얼마나 더 긴 밧줄이 필요할 것 같니?

아들 그러니까 원둘레가 커지는 거네요? 으음……. 적어도 몇 킬로미터, 어쩌면 수십 킬로미터는 더 길어야 할 것 같아요!

여러분은 얼마나 긴 밧줄이 필요하다고 생각하는가?

함께 계산해 보자. '지상으로부터 1미터 높이를 밧줄로 한 바퀴 감는다'는 말은 '반지름이 1미터 커진다'는 의미다. 그 원둘레와 지구의 원둘레의 차이를 구하면 필요한 밧줄의 길이를 알 수 있다. 이것을 식으로 나타내면 다음과 같다.

$$2\pi \times (6400+0.001)-2\pi \times 6400$$
$$=2\pi \times 6400+2\pi \times 0.001-2\pi \times 6400$$
$$=2\pi \times 0.001$$
$$=0.006283186(\text{킬로미터})$$
$$=6.283186(\text{미터})$$

밧줄은 고작 6.3미터 정도만 더 길면 되는 것이다. 지구의 크기를 생각하면 상상한 것보다 훨씬 짧다고 느낀 사람이 많지 않을까?

앞의 식을 다시 한 번 살펴보기 바란다. 그러면 지구의 반지름은 계산과 관계가 없음을 알 수 있을 것이다. 가령 지구의 반지름을 R미터라고 생각해 보자.

$$2\pi \times (R+1)-2\pi R = 2\pi R+2\pi-2\pi R$$
$$=2\pi$$

지구의 반지름 R이 포함되어 있는 항은 계산 과정에서 전부 지워져 버린다. 이것은 무엇을 의미할까? 이것이 의미하는 바는 '구(球)에서 1미터 높은 곳을 밧줄로 감으려면 그 반지름과 상관없이 약 6.3미터가 더 긴 밧줄이 필요하다'는 것이다. 요컨대 그대상이 태양이든 지구든 야구공이든, 표면에서 1미터 높은 곳을 밧줄로 한 바퀴 감기 위해 필요한 밧줄의 추가 길이는 전부 6.3미터라는 말이다. 식으로 나타내 보면 이런 의외의 사실을 알 수 있으며, 인간의 상상력이 얼마나 부정확한 것인지 깨닫게 된다. 이 또한 수학의 재미가 아닐까?

수를 세다

여러분은 몇 살 때부터 수를 '세기' 시작했는가? 하나, 둘, 셋, ……. 주변의 물건을 손가락으로 가리키면서 이렇게 소리 내어 수를 세었을 것이다.

어린아이가 집짓기 블록의 수를 세는 모습을 생각해 보자. 5개 정도는 눈으로도 셀 수 있을 것이다. 그런데 블록의 수가 100개 이상이라면 어떨까? 블록이 한 개, 두 개, ……. 아이는 블록이라는 '물건'에 손가락과 목소리를 사용해 '수사(數詞)'를 연결시키면서 순서대로 헤아려 나갈 것이다. 바로 이것이 수학에서 말하는 '1대 1로 대응시킨다'는 것이며, '수를 센다'라는 행위의 정체이기도 하다. 초등학교 1학년은 수학 시간에 1대 1로 대응시키는 방법을 통해 숫자로 적는 법을 이해하고 수를 사용할 수 있게 된다.

'수를 센다'는 것은 무엇일까? 어른이 되면 당연하게 여기며 아무런 의문을 품지 않는다. 어쩌면 어린아이들이 좀 더 '수의 진리'에 가까이 다가가 있는지도 모른다.

인류의 문명과 수의 탄생

수사가 탄생하기 이전, 인류는 나뭇가지나 뼈, 암벽 등에 표시를 하는 방법으로 수를 셌다. 인류 역사상 가장 오래된 것으로 추정되는 수의 기록은 아프리카의 스와질란드에 있는 한 동굴에서 발견된, 약 3만 5,000년 전의 개코원숭이 뼈에 새겨진 표시다. 이것은 사냥한 동물의 수를 센 기록으로 추측된다.

그 후 세계 각지에서 문명이 탄생했고, 각각의 문명이 독자적인 수 표기법을 탄생시켰다. 놀랍게도 기원전 19~17세기경의 메소포타미아 문명에서는 바빌로니아인이 쐐기 문자를 사용해서 $\sqrt{2}$의 값을 60진법으로 기록한 점토판을 남기기도 했다.

주변에 있는 '셀 수 있는 것'을 발견해서 '수를 세는' 행위를

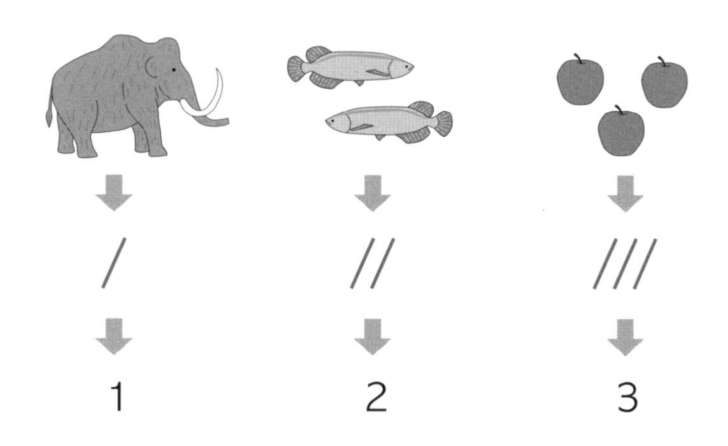

진화시킨다. 이것이 '수학'과 '문명'의 시작이라고 할 수 있을 것이다. 그 연결성은 숫자를 보면 잘 알 수 있다. 숫자에는 1, 2, 3, ……이라는 산용 숫자(아라비아 숫자) 외에 로마 숫자(I, II, III, ……)나 한자 숫자(一, 二, 三, ……) 등 여러 가지가 있다. 각 문명이 '수'라는 개념을 갖고 그 상징인 숫자를 만들어 냈다. 이런 다양한 숫자를 접하고 그것이 어떤 과정을 거쳐서 탄생하고 발전했을지 상상할 때마다 가슴이 벅차오른다.

인간은 수를 세고 싶어 하며, 수를 세지 않고서는 살아갈 수 없다. 그 충동과 필요성은 어른이든 아이든, 고대인이든 현대인이든 똑같은 것이다.

수의 세계는
수를 세는 것에서
시작되었어.
1

약수를 더해 나가면

6의 약수는 1, 2, 3, 6. 28의 약수는 1, 2, 4, 7, 14, 28.

여러분은 6과 28의 공통점을 찾아낼 수 있겠는가?

힌트는 '약수의 합'이다.

6의 약수 가운데 6을 뺀 약수의 합은 1+2+3=6이고, 28의 약수 가운데 28을 뺀 약수의 합은 1+2+4+7+14=28이다.

다시 말해 6과 28은 '자신을 제외한 약수의 합이 자신과 같아지는 수'이다. 이런 수를 '완전수'라고 한다. 완전이라는 말은 완전수가 매우 고귀하며 감히 다가가기 힘든 아름다움을 지닌 수

◆ 6과 28은 완전수

6
6의 약수(1, 2, 3, 6) ➡ 1+2+3=6

28
28의 약수(1, 2, 4, 7, 14, 28) ➡ 1+2+4+7+14=28

라는 인상을 준다. 그리고 완전수에 대해 알수록 그 인상은 더욱 강해진다.

완전수는 어떻게 찾아낼까?

완전수를 찾아내기 위한 방법이라고 하면 일일이 약수를 더해서 찾는 방법이 먼저 떠오르지만, 이 방법으로 찾으려고 하면 아마도 대부분이 얼마 못 가서 포기해 버리지 않을까 싶다. 완전수는 쉽게 발견되지 않는 '특별한 수'이다.

그렇다면 어떻게 해야 완전수를 찾아낼 수 있을까? 사실 완전수는 '메르센 소수'와 관계가 있다는 사실이 밝혀졌다. 메르센 소

수란 자연수 n에 대해 2의 n제곱에서 1을 뺀 형태의 소수를 가리킨다. 즉 메르센 소수를 발견하면 자동으로 완전수가 밝혀진다.

◆ **메르센 소수와 완전수**

$$\underbrace{(2^n-1)}_{\text{메르센 소수}}\times 2^{n-1} = \text{완전수}$$

위의 식으로 완전수를 구해 보자. 가장 작은 메르센 소수는 3(n=2일 때)이므로 n=2일 때가 가장 작은 완전수가 된다.

$$(2^2-1)\times 2^{2-1}=3\times 2=6$$

즉 가장 작은 완전수는 6임을 알 수 있다.

다음에는 n=3을 조사해 보자. 메르센 소수는 2^3-1이므로 7이다.

$$(2^3-1)\times 2^{3-1}=7\times 4=28$$

두 번째 완전수는 28이 된다

세 번째 완전수는 $n=4$일 때……라고 생각하겠지만, 먼저 메르센 소수가 소수인지 확인해 보자. 2^4-1의 값은 15인데, 15는 소수가 아니다. 따라서 이 경우는 완전수를 구할 수 없다.

세 번째 메르센 소수는 $n=5$일 때로, 여기에서 세 번째 완전수 496이 도출된다.

여러분은 이 식을 이용해서 완전수를 얼마나 찾아낼 수 있을까? 식으로 구한 수의 약수를 더해서 정말로 완전수인지 아닌지 확인해 보자. 이 계산을 계속해 나가면 메르센 소수와 완전수를 찾는 것이 얼마나 어려운 일인지 깨달을 것이다. 처음에는 간단한 계산으로 충분하지만, 점점 엄청나게 큰 수를 계산하게 되기 때문이다.

참고로 오일러는 $2^{31}-1$이 소수임을 확인하고 완전수 2305843008139952128을 발견했다. 이 수는 8번째 완전수다.

현재까지 발견된 메르센 소수는 모두 48개다. 그리고 완전수도 역시 48개가 발견되었다. 무한히 존재하는 자연수 속에서 불과 48개만이 발견된 것이다.

완전수는 무한히 존재하는가?

홀수인 완전수는 존재하는가?

아직 해결되지 않은 의문을 풀기 위해 오늘도 미지의 완전수에 대한 탐사가 계속되고 있다. 인류가 이런 의문을 해결했을 때 우리는 비로소 진정으로 완전수를 이해하게 될 것이다.

◆ 10번째까지의 완전수

	완전수	메르센 소수
1	6	2^2-1
2	28	2^3-1
3	496	2^5-1
4	8,128	2^7-1
5	33,550,336	$2^{13}-1$
6	8,589,869,056	$2^{17}-1$
7	137,438,691,328	$2^{19}-1$
8	2,305,843,008,139,952,128	$2^{31}-1$
9	2,658,455,991,569,831,744,654,692,615,953,842,176	$2^{61}-1$
10	191,561,942,608,236,107,294,793,378,084,303,638,130,997,321,548,169,216	$2^{89}-1$

완전수의
수수께끼를 완전하게
풀고 싶어~.
6
28
496

지구는 둥글다?

지구의 형상과 크기를 조사하는 학문을 '측지학'이라고 한다. 기원전 3세기 이집트에서 에라토스테네스가 지구의 크기를 측정한 것이 그 시작이다. 지금부터 '지구의 형상'에 매료된 수학자의 이야기를 소개하겠다.

여러분은 지구가 어떤 형상을 띠고 있는지 알고 있는가? '지구라는 이름처럼 구(球) 아니야?'라고 생각하는 사람이 많을 것이다. 정확히 말하면 그렇지 않다. 지구는 자전하는 원심력의 영향을 받아 남북 방향에 비해 적도 방향이 살짝 불룩한 회전타원체에 가까운 형상이라는 사실이 밝혀졌다.

지구가 회전타원체라는 사실을 알게 된 것은 인류에게 큰 진전을 가져왔다. 자오선(북극과 남극을 연결하는 큰 원)의 길이를 수학적으로 계산할 수 있게 되자, 삼각 측량을 이용해 지도를 만들 수 있었다.

1841년 독일의 천문학자이자 수학자 베셀은 당시 전 세계에서 측량된 결과를 바탕으로 지구의 형상과 크기를 산출해 냈다. 그 결과 '지구는 적도 반지름 637만 7,397.155미터, 극반지름 635만 6,078.963미터, 편평률 299.152813분의 1인 회전타원체'였다. 편평률은 '회전타원체가 구에 비해 얼마나 휘어져 있는가'를 나타내는 수치다. 완전한 구의 편평률은 0이며, 휘어질수록 1에 가까워진다. 이 값을 보면 지구가 완전한 구가 아님을 알 수 있다.

이것을 '베셀 타원체'라고 부르는데, 베셀 타원체는 세계적으로 채용되어 일본에서 2002년까지 측량법에 베셀 타원체가 사용되다 현재는 인공위성을 이용해서 구축한 'GRS80 타원체'가 쓰이고 있다. GRS80은 'Geodetic Reference System 1980'이라는 의미다.

프리드리히 빌헬름 베셀
(Friedrich Bessel, 1784~1846)

◆ 지구의 형상은 회전타원체

적도 반지름 : 6,377,397.155m

극반지름 : 6,356,078.963m

편평률 : $\frac{1}{299.152813} \fallingdotseq 0.003343$

베셀의 위업

지구의 형상과 크기를 밝혀낸 베셀은 어떤 인물일까?

그는 수학자나 천문학자 중에서도 이색적인 경력을 가졌는데, 열네 살부터 무역 회사에서 일하면서 항해상의 문제를 해결하는 데 수학을 사용하기 시작했다. 그러다 해상에서 경도를 결정하는 수단으로 사용하던 천문학에 흥미를 느꼈으며, 급기야는 핼리 혜성의 궤도 계산에 관여하기까지 했다. 그 결과 무역 회사를 그만두고 천문대에서 일하게 되었고, 천문학자로서 수많은 업적을 남겼다.

나를 매료시킨 점은 그가 고등 교육을 받지 않았음에도 훌륭

◆ 베셀 함수

$$J_{\gamma}(x)=\sum_{k=0}^{\infty}\frac{(-1)^{k}}{k!\Gamma(k+\gamma+1)}\left(\frac{x}{2}\right)^{\gamma+2k}$$

$$Y_{\gamma}(x)=\frac{J_{\gamma}(x)\cos(\gamma\pi)-J_{-\gamma}(x)}{\sin(\gamma\pi)}$$

한 업적을 남겼다는 점이다. 그는 노력과 열정으로 온갖 지식을 자신의 것으로 만들어 나갔다.

또한 베셀은 수학 분야에서도 이름을 남겼다. 자오선의 호의 길이를 구하는 베셀의 공식과 베셀 함수다. 베셀 함수 자체는 스위스의 수학자이자 물리학자 다니엘 베르누이(Daniel Bernoulli, 1700~1782)가 발견했지만(그는 수학자 야코프 베르누이의 조카다), 베셀은 케플러 방정식을 풀기 위해 베셀 함수를 이용함으로써 행성의 궤도를 계산했다(190쪽 〈'운동하는 세계'를 다루는 수학〉).

옆의 그림을 보기 바란다. 1984년 당시 서독에서 발행된 베셀 탄생 200주년 기념우표인데, 베셀의 초상화 옆에 베셀 함수의 그래프가 그려져 있다.

천문학을 추구하는 토대에는 수학의 힘이 있다. 지구와 멀리

◆ 베셀 함수의 그래프가 디자인된 우표

1984년 당시 서독에서 베셀 탄생 200주년을 기념하여 발행했다.

떨어져 있는 별을 자신의 눈과 몸으로 측량하고 수학의 관점에서 사실을 규명한 베셀, 그는 별빛의 인도를 받은 수학자였다.

노력과 열정으로
역사에 이름을
남긴 베셀……,
멋지다!

'수'에 매료된 위인들이 남긴 말

수학은 장대한 '이야기'다

수학은 먼 옛날부터 지금까지 인류가 엮어 온 '이야기'다. 지금도 새로운 발견과 증명을 추가하면서 장대한 서사를 전개해 읽는 이를 매료시키고 있다. 수학은 그야말로 끝나지 않는 네버엔딩 스토리라고 할 수 있다.

그 이야기를 엮어 나가는 것은 수학자만의 몫이 아니다. '수'에 매료된 위인들이 남긴 주옥같은 말들은 다채로움을 더하며 이야기를 더욱 빛내 왔다.

수학은 세계를 지배하는 것이 아니라 세계가 어떻게 지배되고 있는지를 보여 준다.

괴테(작가. 1749~1832)

수학 이론의 창조적인 힘을 한 번이라도 깨달은 사람은 자연의 분야에서든 예술의 분야에서든 모든 곳에서 그 영향을 발견하게 될 것이다.

베르너 하이젠베르크(물리학자. 1901~1976)

수학은 우주를 파악하기 위해 인간의 상상력으로 구축한 장대한 건축물이다. 그 안에서 우리는 절대적인 것, 무한한 것, 마음을 끄는 것, 정체를 알 수 없는 것과 만난다.

르 코르뷔지에(건축가. 1887~1965)

산수는 계산의 지혜다. 이 지혜 없이는 단 한 명의 철학자도, 단 한 명의 지식인도 존재할 수 없다.

L. 마그니츠키(수학자. 1669~1739)

수학이란 말 더하기 생각이며, 말인 동시에 논리이다. 수학은 사고를 위한 무기다. 수학에는 수많은 사람의 정확한 사고 결과가 집중되어 있다.

리처드 파인먼(물리학자. 1918~1988)

수학자는 진정한 열정가다. 열정 없이는 수학도 없다.

노발리스(시인·소설가. 1772~1801)

수학의 본질은 자유로움에 있으며, 수학이 자유로운 의지를 통해 개념과 공리를 구성하는 데 있다.

게오르크 칸토어(수학자. 1845~1918)

수학의 본질은 영원한 젊음에 있다.

E. T. 벨(수학자. 1883~1960)

수학 교육에 종사하는 사람들은 이정표 같은 존재라고 할 수 있다. 그들은 하나의 화살표로 이미 지나온 과거를 보여 주고, 다른 하나의 화살표로 아직 경험하지 못한 미래를 보여 주기 때문이다.

휴고 슈타인하우스(수학자·교육자. 1887~1972)

시대와 분야를 초월해 끊임없이 빛을 발하는 수학. 다음 세대를 위해 '이야기'를 엮어 나가는 것은 현대를 살아가는 우리의 사명이다. 여러분이 '수'에 관해 이야기할 때, 그것은 어떤 이야기가 되어서 다음 세대에 전해질까?

삼각법과 스코틀랜드의 수학자

고등학생과 삼각 함수

사인(sin), 코사인(cos), 탄젠트(tan). 소리 내어 읽어 보면 묘한 리듬감 때문에 신기할 정도로 귀에 쏙쏙 들어오고 기억에도 잘 남는다. 그러나 가벼운 인상과는 반대로 이것을 배우는 우리에게는 제대로 활용하기 어려운 존재다.

나는 2000년에 사이언스 내비게이터로 활동을 시작했다. 당시 대학원생이던 나는 입시 학원에서 고등학생에게 수학을 가르치는 아르바이트를 했는데, 고등학생에게 '입시용' 수학을 가르치는 데 점차 의문을 가졌다.

고등학생들은 사인, 코사인, 탄젠트와 3년 동안 씨름을 한다. 처음에는 삼각비로서 sin, cos, tan와 만나고 그다음에는 삼각비가 삼각 함수로 변신하면서 엄청난 수의 공식이 눈앞에 펼쳐진다. 여기에 이과를 선택한 학생이라면 미적분과 삼각 함수의 관계를 더욱 깊이 알아야만 한다. 학생들은 이런 빠른 흐름을 따라잡지 못하고 수학 공부를 포기해 버리기 십상이다.

학생들은 '대체 왜 삼각 함수를 공부해야 하는 거야? 앞으로 얼마나 도움이 되는 건데?'라고 생각하고, 현장의 교사는 학생들의 의문에 일일이 답해 줄 기회를 가지기 어렵다. 결국 그렇게 고등학교 수학이 끝나 버린다.

수학은 분명 입시만을 위한 것이 아니다. 그러나 수많은 학생이 시험 때문에 괴로워하는 것은 현실이다. 가혹한 상황에 놓인 고등학생들을 보고 탄생한 것이 바로 사이언스 내비게이터다. 나는 수업 시간에는 거의 다루지 않는 '수학이란 무엇인가?'를 주제로 학생들에게 이야기하기 시작했다.

인간이 만들어 낸 수학은 과거, 현재, 미래가 담겨 있는 장대한 '이야기'다. 수천 년의 시간을 뛰어넘어 진실만을 담아 온, 정신이 아득해질 만큼 두꺼운 책. 그것이 바로 '수학'이다. 나는 인류가 엮어 온 수학이라는 이야기를 '가르치는' 것이 아니라 '이야기하는' 것이 더 중요하다는 것을 깨달았다.

상자 속에는 함수가 숨어 있다

이번 이야기의 주인공은 미적분학의 기초를 쌓고 아이작 뉴턴에게 재능을 인정받은 스코틀랜드의 수학자 매클로린이다.

18세기에 활약한 매클로린의 업적을 알게 된 계기는 내 주변에 있는 어떤 도구였다. 바로 공학용 계산기다. 공학용 계산기는 과학이나 공학·수학 등의 분야에서 사용하는 특별한 전자계산기로, 제곱근($\sqrt{\ }$)이나 로그(log)·삼각 함수 등도 계산할 수 있다.

사실 전자계산기는 내가 수학에 흥미를 느끼게 된 계기 중 하나였다. 전자계산기는 키를 누르면 반드시 숫자가 표시되는데, 지금 생각해 보면 이것은 바로 '함수' 자체였다. 함수의 정의에서 핵심은 '일대일 대응'이다. x의 값을 하나 결정하면 그에 대해 y가 반드시 하나 결정될 때, 이것을 "y는 x의 함수다"라고 말한다. 공학용 계산기는 바로 일대일 대응을 실감하게 해 주는 기계다.

함수를 한자로는 函數라고 쓰는데, 계산기는 생긴 모습 그대로 플라스틱 '상자(函)'라고 할 수 있다. 이 플라스틱 상자는 수가 입력되면 즉시 액정 화면에 숫자를 표시한다.

콜린 매클로린
(Colin Maclaurin, 1698~1746)

아이작 뉴턴
(Isaac Newton, 1642~1727)

복잡한 삼각비도 금방 계산해 내는 전자계산기

직각삼각형의 빗변(c)과 밑변(b)이 이루는 각을 θ라고 했을 때, 빗변과 밑변의 비($\frac{b}{c}$)가 $\cos\theta$, 빗변과 높이(a)의 비($\frac{a}{c}$)가 $\sin\theta$, 밑변과 높이의 비($\frac{a}{b}$)가 $\tan\theta$로 정의된다.

◆ 삼각비

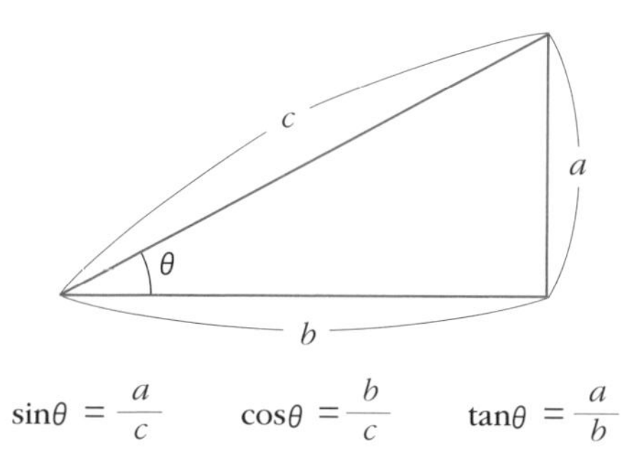

$\sin\theta = \frac{a}{c}$ $\cos\theta = \frac{b}{c}$ $\tan\theta = \frac{a}{b}$

삼각법의 수표(數表)를 처음으로 정리한 사람은 고대 그리스의 천문학자 히파르코스다. 그를 '삼각법의 아버지'라고 부르는 이유가 여기에 있다.

히파르코스
(Hipparcos, 기원전 190?~기원전 120?)

그러면 실제로 공학용 계산기를 사용해 보자.

$\sin 30°$의 값을 조사하면 공학용 계산기는 다음과 같은 결과를 돌려준다.

[sin] [3] [0] ➡ 0.5

$\sin 30°$의 값은 기억하는 사람도 있을 것이다. 0.5는 분수로 나타내면 $\frac{1}{2}$, 즉 앞의 정의에 따라 $2:1:\sqrt{3}$인 삼각자의 두 변의 비를 생각하면 이해할 수 있다.

이어서 $\sin 31°$의 값을 조사해 보자. 이 값은 금방 머릿속에 떠오르지 않을 것이다. 그러나 공학용 계산기는 순식간에 답을 가르쳐 준다.

[sin] [3] [1] ➡ 0.515038074

어떻게 공학용 계산기는 $\sin 31°$라는 번거로운 계산을 순식간에 할 수 있는 것일까? 열한 살 난 소년이던 나는 큰 충격을 받았다. 이것이 어떻게 가능한지 짐작조차 되지 않았다. 그때의 기억은 지금도 선명하게 남아 있다.

전자계산기의 계산 원리는 기본적으로 덧셈과 곱셈이다. 즉 계

◆ sin31°의 값은 어떻게 구할까?

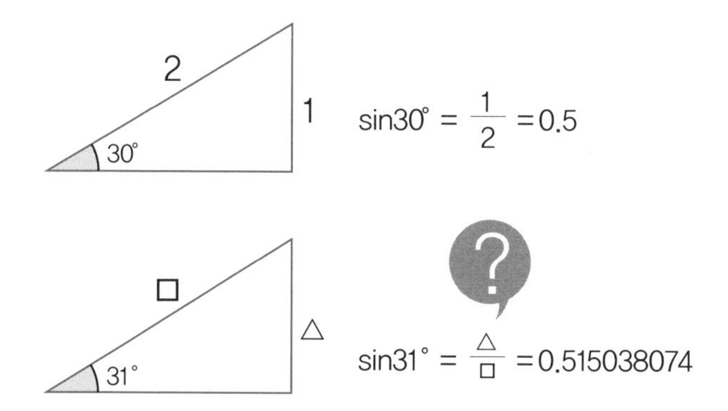

산기는 sin31°를 덧셈과 곱셈만으로 계산한 셈이다. '삼각비는 삼각형의 변의 길이로 정의되는 양'이라고 이해하고 있던 당시의 내게 'sin31°=0.515038074'라는 결과는 이해의 의미를 초월하는 사실과의 만남이었다.

이 의문을 풀지 못한 채 계속 마음속에 품고 있던 내게 희망이 보이기 시작한 것은 그로부터 여러 해가 지난 고등학교 2학년일 때였다. 나는 sin과는 관계가 없는 어떤 통계 문제를 계기로 '매클로린 전개'라는 계산과 만났다. 매클로린 전개는 과연 어떤 계산일까?

'각도'를 '길이'로 나타낸다!?

나는 다음의 공식을 본 순간 '이렇게 하면 sin31°를 계산할 수 있겠구나!'라고 직감했다.

◆ 삼각 함수의 매클로린 전개

$$\sin x = x - \frac{x^3}{3!} + \frac{x^5}{5!} - \frac{x^7}{7!} + \cdots\cdots$$

계산 방법은 다음과 같다. 먼저 각도의 단위를 '도(°)'에서 '라디안(rad)'으로 변환한다. 그런데 왜 굳이 각도를 나타낼 때 °가 아니라 rad을 써야 할까? 먼저 호도법(radian)에 관해 이야기하고 넘어가겠다. 가령 2차 함수 $y=x^2$의 x란 어떤 양인지를 생각해 보자. x는 x축과 원점의 거리(길이)를 나타낸다. 마찬가지로 '각도'라는 양도 '길이'로 나타낼 수는 없을까? 다시 말해 함수 $y=x^2$의 x와 삼각 함수 $y=\sin x$의 x를 같은 것으로 다룰 수 있도록 만들고 싶었다.

정의는 지극히 단순하다. 1rad은 '원의 반지름(영어로는 radius라고 한다)과 같은 길이의 호에 대한 중심각의 각도'를 나타낸다. 반지름이 1인 원(단위원)을 기준으로 생각하면 이해하기가 쉬울

◆ 호도법(라디안)

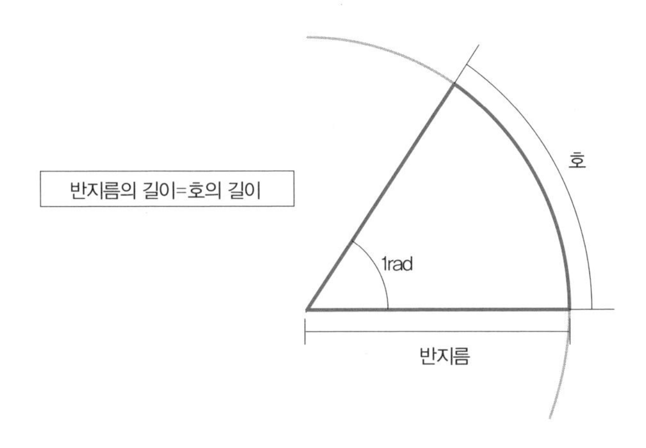

것이다. 원둘레의 길이는 2π이므로 $360^\circ=2\pi$rad과 같다. 이것을 식으로 나타내면

$$180^\circ=\pi\ \text{rad}$$

$$90^\circ=\frac{\pi}{2}\ \text{rad}$$

임을 알 수 있다. 언뜻 번거로워 보이지만, rad 덕분에 삼각비는 강력한 삼각 함수로 변신할 수 있다.

여담이지만 1도는 한 바퀴를 360개로 나눈 양, 즉 360도가 1회전을 나타내도록 정의된 것이다. 그리고 360이라는 수치의 기원은 지구가 태양의 주위를 회전하는 데 걸리는 시간, 즉 공전

주기(1년=365일)다.

이렇게 해서 각도는 지구와 태양의 관계(천문학)에서 비롯된 °에서 천체를 초월한 보편적인 양(길이)으로 측정되는 호도법 rad에 이르렀다.

sin31°를 rad으로 나타낸다

그러면 31도를 호도법으로 표기해 보자. 2πrad=360°의 관계를 통해 다음과 같은 사실을 알 수 있다.

$$1^\circ = \frac{2\pi}{360}\,\text{rad} = \frac{\pi}{180}\,\text{rad}$$

따라서 다음과 같이 된다.

$$31^\circ = \frac{\pi}{180} \times 31\text{rad} \fallingdotseq 0.541052(\text{rad})$$

다음에는 이 값을 매클로린 전개의 식에 대입하면 된다. 전자계산기를 사용해서 어떤 값이 나오는지 눈으로 직접 확인해 보자. 근사계산을 한 결과가 공학용 계산기의 결과인 sin31° =0.515038074를 훌륭히 설명한다는 사실을 알 수 있다.

◆ 매클로린 전개의 식에 대입해 보면

$$\sin 31^\circ \fallingdotseq \sin 0.541052$$

$$= 0.541052 - \frac{0.541052^3}{3!} + \frac{0.541052^5}{5!} - \frac{0.541052^7}{7!} + \cdots\cdots$$

$$= 0.541052 - \frac{0.158386}{1\cdot2\cdot3} + \frac{0.046365}{1\cdot2\cdot3\cdot4\cdot5} - \frac{0.013572}{1\cdot2\cdot3\cdot4\cdot5\cdot6\cdot7} + \cdots\cdots$$

$$= 0.541052 - 0.026397\cdots\cdots + 0.000386\cdots\cdots - 0.000002\cdots\cdots + \cdots\cdots$$

$$= 0.515039\cdots\cdots$$

호도법 덕분에 삼각비는 삼각 함수로 변신할 수 있었고, 미적분 덕분에 매클로린 전개를 할 수 있는 자격을 얻을 수 있었다. 그리고 나는 전자계산기를 통해 삼각비의 역사를 배울 수 있었다.

허수의 세계에 오신 것을 환영합니다

확장하는 수의 세계

1, 2, 3, 4, 5, 6, 7, ……. 모든 것은 '자연수'에서 시작되었다. 이것들로부터 수의 세계의 역사가 만들어지기 시작한 것이다.

문명의 진화와 수, 계산의 진화는 떼려야 뗄 수 없는 관계다. 수의 세계는 자연수를 바탕으로 정수, 유리수(분수), 무리수 같은 실수, 복소수로 확장해 왔다. 여기에서 중요한 역할을 하는 것이 오일러 공식이다. '허수'의 풍경을 바라보면 저 멀리 오일러 공식이 보인다.

왜 수의 세계는 확장하고 있을까? 그 이유는 '수'와 '계산'의

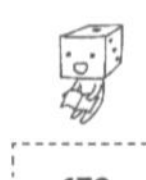

관계에서 그 존재의 필연성이 발견되기 때문이다.

정수(자연수, 0, 음의 정수)

0이라는 수는 수량이 없음을 의미한다. '무게 0'은 무게가 없음을 나타내고, '두 명의 몸무게 차이가 0이다'라는 말은 두 사람의 체중이 같음을 나타낸다. 0의 개념은 인도의 수학을 거치면서 확립되었다. 그리고 0의 개념이 완성되자 다음에는 '음수'가 보였다.

'3+□=0'을 만족시키는 □는 −3이라는 음의 정수다(이 □를 이용한 식이 방정식이다). 수학이 발전하면서 자연수와 0만이 존재하는 '수의 세계'와 덧셈이라는 '연산'을 생각하는 과정에서 '음의 정수'가 필요하다고 생각하게 되었다. 물론 음의 정수는 음양사상을 태동시킨 중국인에 의해 창안된 개념이다.

자연수, 0, 음의 정수를 합친 수를 '정수'라고 한다.

유리수(분수)

고대 그리스의 피타고라스는 현의 길이를 비례로 표시하면서 피타고라스의 음계를 발견하기도 했다. 즉 고대 그리스는 0과 음수의 개념을 갖고 있지 않았지만, 분수로 표시되는 유리수는 일찍 사용했다.

'$3\times\square=-5$'를 만족시키는 □는 정수의 세계에 존재하지 않는다. 이 '$\square=-\frac{5}{3}$'라는 수가 유리수(분수)다.

여담이지만 이 '유리수'라는 이름은 rational number라는 영어를 번역한 것으로, ratio는 '비율'을 의미하기 때문에 직역하면 '비율이 되는 수'가 된다.

무리수

다음으로 '같은 수끼리의 곱셈'을 생각하자, 또다시 새로운 수가 필요해졌다. '$\square\times\square=2$'를 만족시키는 □는 정수에도 유리수에도 존재하지 않는다. □는 1.41421356……이라는 수로, $\sqrt{2}$라고 나타내기도 한다. 이것은 '무리수'라고 부르는 수인데, 소수점 이하가 순환하지 않고 무한히 계속되는 수를 가리킨다.

실수

정수, 유리수, 무리수를 합친 수의 세계가 '실수'다.

우리 주변에 있는 물건이나 현상을 설명하는 데에는 실수라는 수의 세계만으로 충분하다. 황금비(1.618……), 금강비(1.414……),

원주율(3.141……), 네이피어 수(2.718……) 같은 유명한 무리수도 실수라는 수의 세계에 존재한다.

실재성이 없는 '허수'

방정식 '□×□=2'를 만족시키는 □는 실수에서 찾을 수 있다. 그런데 문제는 방정식이 '□×□=−2'일 경우다. 실수의 세계에는 이 방정식을 만족시키는 □라는 수가 존재하지 않는다.

새로운 수 허수가 발견되고 인정되기까지는 실로 긴 세월이 필요했다. 16세기 이탈리아의 수학자 지롤라모 카르다노는 3차 방정식을 풀 때 허수의 개념을 최초로 도입했다. 그리고 이탈리아의 철학자이자 수학자 데카르트는 허수를 '상상의 수'라고 이름 지었으며, 이것은 허수를 나타내는 영어인 imaginary number의 어원이 되었다.

지롤라모 카르다노
(Girolamo Cardano, 1501~1576)

르네 데카르트
(René Descartes, 1596~1650)

데카르트가 지은 이 명칭은 새로운 수가 부정적으로 인식되었던 시대상을 반영한다. 0이나 음수조차 가공의 수라고 생각되었던 당시, 하물며 '□×□=−2'를 만족시키는 수가 당당한 자격을 얻을 수 있었겠는가? 그리고 재미있게도 현대의 이공계 학생조차도 '허수는 실제로 존재하지 않는 수'라고 생각하는 사람이 많다. 그 원인은 실수에 있는 실재성(이를테면 자의 눈금에 적힌 수와 같이)이 허수에는 없기 때문인 듯하다. 그리고 허수(虛數) 또는 imaginary number라는 부정적인 명칭이 이런 인식을 강하게 만드는 듯도 하다.

이렇듯 데카르트의 허수에 대한 부정적인 생각은 오늘날에도 살아 있다.

오일러의 등장

그러나 허수는 실제로 존재한다. 실수가 실제로 존재하는 것과 같은 이유로 허수 또한 수의 세계에 실제로 존재한다.

허수에 실재성을 부여한 사람은 거장 오일러로, 가장 큰 상징이 '오일러 공식'이다. 이 수식은 삼각 함수의 새 시대를 여는 획기적인 발견이었다.

오일러는 네이피어의 로그를 계기로 네이피어 수 e를 탐구하

◆ 수의 세계

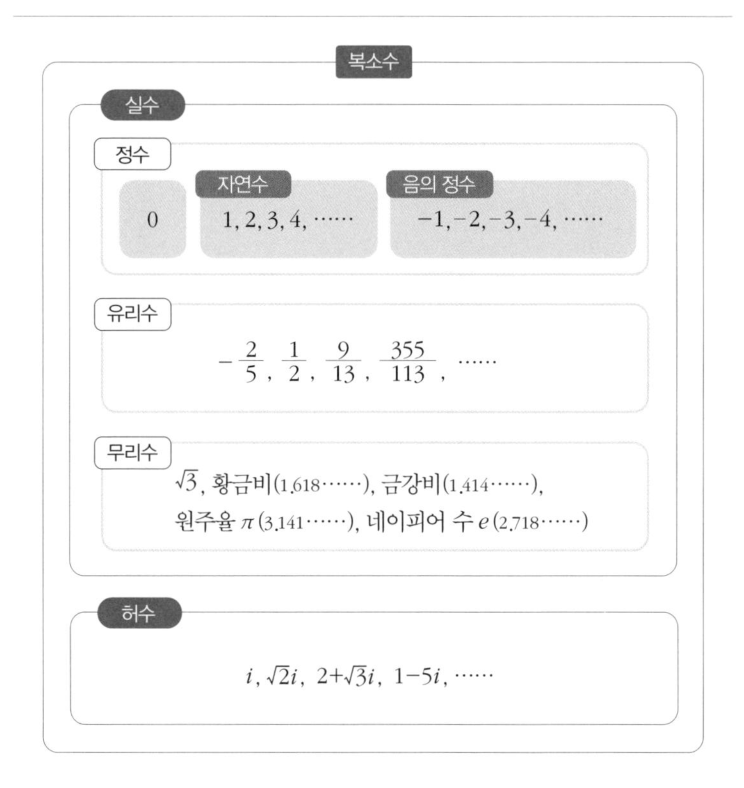

◆ 복소수란

복소수 $a+bi$ (a, b는 실수, i는 허수 단위)

- $b=0 \rightarrow$ 실수
- $a=b=0 \rightarrow 0$
- $b\neq 0 \rightarrow$ 허수

◆ 허수 단위

$i=\sqrt{-1}$

$i\times i=-1$

◆ 오일러 공식

$$e^{ix}=\cos x+i\sin x$$

기 시작했다. 네이피어의 로그는 천문학자들이 삼각 함수를 쉽게 계산할 수 있도록 고안된 것이다. 오일러는 네이피어 수 e가 활보하는 세계가 미적분의 세계임을 간파해 냈다.

위의 수식에서 x는 실수이지만, 허수 i는 대수학의 세계에서 발견되기는 했으나 아직 정체가 알려지지 않은 수였다. 다시 한 번 수식을 들여다보자. 다음의 그림과 같이 검은색으로 표시된 허수는 색으로 표시된 실수에 둘러싸인 형태로 존재한다. 허수만 단독으로 있는 식과 차이가 뚜렷하다. 허수는 실재성을 가진 실수들이 뒷받침하고 있다.

◆ 오일러 공식에서 허수에 주목하면

$$e^{ix}=\cos x+\boldsymbol{i}\sin x$$

오일러 공식이 연출하는 수의 세계

오일러는 허수에 더욱 실재성을 부여하는 결정적인 연출을 했다.

x에는 모든 실수를 대입할 수 있다. 오일러는 어떤 실수를 x에 대입했다. 바로 π다. 그러자 $\cos\pi=-1$, $\sin\pi=0$이 되어서 오일러의 공식은 $e^{i\pi}=-1$이라는 형태로 변신했다.

π라는 대스타의 특별 출연으로 오일러 공식은 눈부신 빛을 발하게 되었다. 삼각 함수 sin이나 cos은 모습을 감추고, 실수만으로 이루어진 관계가 나타났다. 세 실수 e, π, -1에 둘러싸임으로써 허수 i는 자신의 실재성에 자신감을 가질 수 있게 되었다. 또한 세 실수는 자신의 실재성이 근원적으로 허수와 관계가 있음을 깨달았다.

이 공식은 소리나 색에 조화가 있듯이 수에도 조화가 있음을

◆ 오일러의 공식에 $x=\pi$를 대입하면

$$e^{i\pi}=\cos\pi+i\sin\pi$$

$$e^{i\pi}=-1+i\times 0$$

$$e^{ix}=-1$$

가르쳐 준다. 우리는 오감을 통해 소리나 색의 조화를 느끼며, 이를 바탕으로 음악과 미술을 만들어 냈다. 그리고 오일러는 우리에게 수의 조화를 느낄 수 있는 또 다른 감각인 수각(數覺)이 있음을 증명했다고도 할 수 있다.

그것을 바탕으로 '수학'이라는 예술이 만들어지는 것이다.

여러분은 지금 어디에 있는가?

인류가 손에 넣은 '좌표'

우리는 지구 위에서 살고 있다. 나는 좌표에 관해 생각할 때 이 사실을 한층 강하게 느낀다. 만약 "지금 지구의 어느 위치에 있습니까?"라는 질문을 받는다면 여러분은 뭐라고 대답하겠는가? 국명이나 지명을 말한들 그것은 정확한 답이 아니다.

지구상의 위치를 단적으로 나타내는 것은 위도와 경도다. 현대는 전 세계의 지도를 손쉽게 가질 수 있는 시대이지만, 인류는 지도를 만들기까지 상당한 노력을 기울였다.

여러분은 위도와 경도가 어떻게 결정되는지 아는가? 위도는

◆ 위도

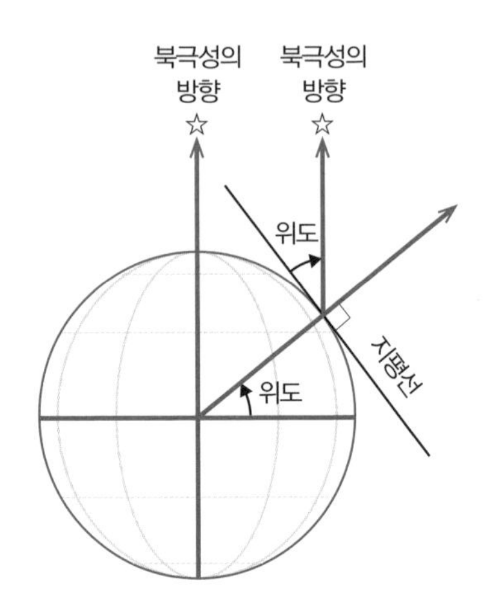

북극성의 위치를 이용해서 쉽게 조사할 수 있다. 북극성은 거의 지구 자전축의 연장선상, 즉 북극점의 진북 방향에 있다. 그래서 북극성이 보이는 각도(올려본각)가 위도가 된다.

한편 경도를 구하기는 매우 어렵다. 대항해 시대의 영국에서는 경도 측정을 제대로 못한 탓에 해상 사고가 빈번했다. 그래서 정확한 경도 측정 방법을 찾아내는 사람에게 거액의 상금을 내걸었다고 한다. 목성의 위성을 이용하는 방법(목성의 위성이 보이거나 목성에 가려서 보이지 않는 시간을 예측하고 실제 측정 시간과의 차이를 구한다)이나 월거법(달의 운행을 이용하는 방법) 등 다양한 방법이

제안되었지만, 결국 문제를 해결한 것은 정확한 시계의 개발이었다. 그 후 그리니치 자오선을 경도 0도로 기준으로 삼는 방법이 전 세계에 퍼졌다.

위도와 경도는 지구라는 천체의 표면 위의 위치를 나타내는 좌표, 즉 위선과 경선이라는 직교하는 두 직선 위에 할당된 '두 종류의 수치'다. 그러므로 위도와 경도(좌표)를 이용할 때 비로소 지구 위에서 여러분이 있는 올바른 위치(점)를 나타낼 수 있다.

지도와 사상

지구본을 머릿속에 떠올려 보자. 지구본에 그려진 위도와 경도는 원을 그리고 있으므로 '곡선'이다. 그러면 지구본의 일부분에만 주목해 보자. 한정된 일부분, 즉 작은 지도에서는 위도와 경도가 '직선'으로 그려져 있다. 다시 말해 '국소 좌표'가 되는 것이다. 그리고 이 국소 좌표가 그려진 작은 평면 지도를 연결함으로써 구형의 지구본은 지구 전체를 나타낸다.

지구 전체에 대해 작은 지도를 그리는 것을 수학에서는 사상(寫像 · mapping)이라고 한다. 지도를 의미하는 영어 map에는 '사상'이라는 의미도 있다. map이라는 단어를 볼 때마다 나는 지구를 측정해서 지도를 작성해 온 인류의 발자취가 보이는 것 같은 기분이 든다. 우리는 수학을 이용해서 '측정'하는 지루한 작업을 반복함으로써 우리 자신을 더욱 확실한 존재로 바꾸어 왔다.

가끔은 지구본이나 지도를 들여다보면서 지구와 인류에 관해 생각해 보자. 현대를 살아가는 우리에게는 지구 위에서 살고 있다는 게 너무도 자명하기에, 자칫 잊고 살기 쉬운 사실을 되새기는 시간이 때로는 필요하다.

인류의 측량의 역사 '구면 삼각법'

수학의 역사를 되돌아볼 때마다 나는 어떤 의문을 느낀다. 왜 현대의 학교에서는 구면 삼각법을 가르치지 않는 것일까? 삼각 함수와 구면 삼각법은 끊으려 해도 끊어질 수 없는 인연으로 이어져 있는데 말이다. 〈삼각법과 스코틀랜드의 수학자〉(160쪽)에서 삼각 함수에 관해 이야기했지만, 이번에는 삼각 함수의 초창기로 눈을 돌려 보자. 그러면 내가 느끼는 의문에 공감하게 될 것이다.

구면 삼각법이란 무엇일까? 지구와 같은 구면 위에서는 두 점을 연결하는 최단 곡선을 직선으로 간주한다. 그리고 이 직선을

◆ 지구를 측량한 결과를 바탕으로 탄생한 '미터'

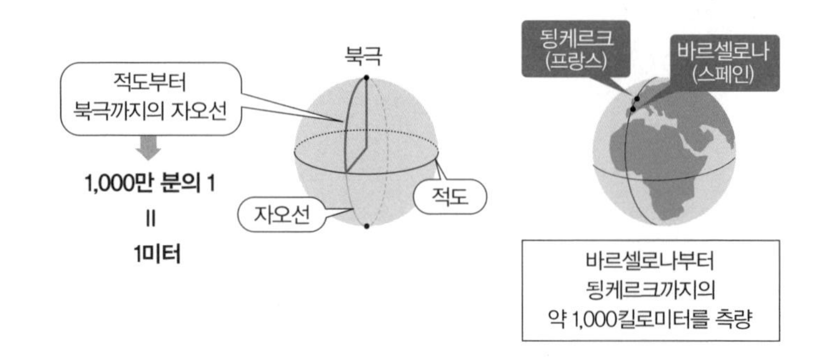

연결해서 만들어지는 삼각형(구면 삼각형)의 변의 길이나 각도의 관계를 조사하는 것이 구면 삼각법이다.

대지를 측정하는 구면 삼각법은 인류가 해 온 측량의 역사이기도 하다. 과학과 물건의 제작이 지금과 같이 고도로 발달할 수 있었던 이유 중 하나는 길이의 단위가 '미터'로 거의 통일되어 있기 때문이다. 18세기 프랑스 혁명의 시대에 유럽에는 길이의 단위가 40만 종류나 있었다고 하는데, 이를 보다 못한 프랑스가 국가의 위신을 걸고 '자오선 측량' 프로젝트를 시작했다. '세계 통일 단위'를 꿈꾼 프랑스는 이 어려운 사업을 성공시켰고, 그 결과 미터가 탄생했다.

미터는 경제와 무역, 과학 같은 수많은 분야의 기본 단위가 되어 현대 사회를 뒷받침하는 존재로 자리 잡았다. 그러나 아직 인치, 피트, 야드, 마일 같은 단위를 사용하는 나라가 있기 때문에 진정한 의미에서의 세계 통일 단위는 되지 못했다.

고대 바빌로니아에서 탄생한 기적의 단위 '각도'

무려 수천 년 전부터 발전해 온 분야가 하나 더 있다. 바로 천문학이다.

천문학의 특징은 길이의 단위에 영향을 받지 않으며 각도가 중요하게 사용된다는 점이다. 그리고 놀랍게도 기원전 2000년경의 고대 바빌로니아에서 탄생한 60진법이 오늘날에도 계속 사용되고 있다.

'각도'라는 단위가 탄생한 배경으로는 다음의 두 가지 설이 있다. 첫째는 고대 바빌로니아에서는 1년을 360일로 정해 놓았기 때문에 한 바퀴를 360도, 직각을 90도로 삼는 단위(각도)가 생겼다는 설이다. 그리고 둘째는 60진법을 사용한 고대 바빌로니아에서 원을 정삼각형 6개로 분해할 때 정삼각형의 각도를 60진법에 맞추어 60도로 정했다는 설이다.

고대 그리스의 삼각법

천체의 운동은 천구 위의 회전 운동으로서 관찰되며, 천체의 관측 데이터는 이 회전각을 나타낸다. 지상의 것을 측정하는 데에는 '길이'가 효과적이지만, 손이 닿지 않는 머나먼 곳의 천체를 측량하기에는 '각도'가 더 적합하다.

이 이론을 처음으로 만들어 낸 사람은 고대 그리스의 천문학자 히파르코스다. 그는 천문학자로서 수많은 업적을 남겼다. 현대 별자리의 바탕이 되는 46성좌를 결정하고 행성의 밝기를 1등성부터 6등성까지 분류했으며, 지구의 세차 운동으로 춘분점이 이동한다는 사실을 발견했다. 그리고 히파르코스 주기를 발견해 1태양년을 365.24671일로 정했다.

우수한 천문학자였던 히파르코스는 천구에 위도와 경도를 도입하고 천문학에 구면 삼각법을 이용하려고 했다. 그래서 그는 먼저 평면 삼각법을 확립하고, 정밀한 삼각 함수표를 작성하기 위해 삼각 함수를 정의했다. 이 정의는 현재와 조금 다르기는 하나, 본질적으로는 같다고 할 수 있다. 그리고 도출된 덧셈 정리를 이용함으로써 7.5도부터 180도까지 7.5도 단위의 수표(數表)를 작성했다.

프톨레마이오스의 등장

그 후 고대 로마의 천문학자이자 수학자 프톨레마이오스가 히파르코스의 성과를 더욱 발전시켰다.

그는 180도까지 0.5도 단위의 삼각 함수표를 만들었다. 이 삼각 함수표는 정확도가 매우 높은데, 현재의 것과 비교해 봐도 소수점 넷째 자리에서 다섯째 자리까지는 거의 일치한다. 그가 만든 삼각 함수표는 수학과 천문학에 관한 전문 서적인 《알마게스트(*Almagest*)》에 수록되었다. 또한 프톨레마이오스는 《지리학(*Geographia*)》도 저술했으며, 세계 최초로 경위선을 사용한 지도를 작성했다.

천문학과 지리학을 수학과 연결시켜서 체계적으로 정리한 이 두 책은 당시로서는 최첨단의 내용이었으며, 그 후 수세기 동안 천문학 교과서로 이용되었다. 프톨레마이오스의 천문학적 주장(지구가 우주의 중심이라는 천동설)은 현대의 시각으로는 분명 잘못되었지만, 당시의 우주관을 나타낸 것이었고 그의 수학은 매우 정밀했다.

프톨레마이오스
(Ptolemaios, 83?~168?)

◆ 《알마게스트》(1515년에 인쇄된 라틴어판)의 삼각 함수표

Prima 8

Residuum tabularum Chordarum Arcuū semicirculi: vna cum excessuū earundem parte tricesima: vnius videlicet minuti arcuum portiuncule debita.

Quinta

Tabula quinta Chordarum arcuum: medietate et medietate partis superfluentium.					Pars tricesima superflui: quod est inter oēs duas chordas. et est portio arcus vnius minuti.			
Arcus		Chorde						
Partes	m	ptes	m	2	ptes	m	2	3
90	30	85	13	20	0	0	44	8
91	0	85	35	24	0	0	43	58
91	30	85	57	23	0	0	43	44
92	0	86	19	15	0	0	43	34
92	30	86	41	2	0	0	43	20
93	0	87	2	42	0	0	43	10
93	30	87	24	17	0	0	42	56
94	0	87	45	45	0	0	42	44
94	30	88	7	7	0	0	42	34
95	0	88	28	24	0	0	42	20
95	30	88	49	34	0	0	42	10
96	0	89	10	39	0	0	41	56
96	30	89	31	37	0	0	41	44
97	0	89	52	29	0	0	41	32
97	30	90	13	15	0	0	41	20
98	0	90	33	55	0	0	41	8
98	30	90	54	29	0	0	40	54
99	0	91	14	56	0	0	40	42
99	30	91	35	17	0	0	40	30
100	0	91	55	32	0	0	40	16
100	30	92	15	40	0	0	40	4
101	0	92	35	42	0	0	39	52
101	30	92	55	38	0	0	39	38

Sexta

Tabula sexta Chordarum arcuum: medietate et medietate partis superfluentium.					Pars tricesima superflui: quod est inter oēs duas chordas. et est portio arcus vnius minuti.			
Arcus		Chorde						
Partes	m	ptes	m	2	ptes	m	2	3
113	0	100	3	59	0	0	34	34
113	30	100	21	16	0	0	34	20
114	0	100	38	26	0	0	34	4
114	30	100	55	28	0	0	33	54
115	0	101	12	25	0	0	33	40
115	20	101	29	15	0	0	33	24
116	0	101	45	57	0	0	33	12
116	30	102	2	33	0	0	32	56
117	0	102	19	1	0	0	32	42
117	30	102	35	22	0	0	32	30
118	0	102	51	37	0	0	32	14
118	30	103	7	44	0	0	32	0
119	0	103	23	44	0	0	31	46
119	30	103	39	37	0	0	31	32
120	0	103	55	23	0	0	31	18
120	30	104	11	2	0	0	31	4
121	0	104	26	34	0	0	30	50
121	30	104	41	59	0	0	30	34
122	0	104	57	16	0	0	30	20
122	30	105	12	26	0	0	30	8
123	0	105	27	30	0	0	29	52
123	30	105	42	26	0	0	29	36
124	0	105	57	14	0	0	29	22

하늘과 땅과 사람을 연결하는 삼각 함수

오늘날의 학교에서는 평면 삼각법으로서 삼각 함수를 배우지만, 지금으로부터 2000년도 전에는 천체 관측을 위한 구면 삼각법이 주로 쓰였다. 프톨레마이오스 이후 오랜 기간에 걸쳐 구면 삼각법이 발전해 온 데 비해, 삼각 함수가 평면 삼각법으로서 건축이나 측량 분야에서 활약할 기회는 없었다.

현대의 수학 교육에서 구면 삼각법을 가르치지 않는 것은 삼각 함수의 공부를 따분하게 만드는 요인이 아닐까? 분명히 구면 삼각법은 평면 삼각법보다 복잡할 것이다. 그러나 우리가 살고 있는 무대는 지구든 천구든 전부 '구'다. 구면 삼각법이야말로 더

잘 활용될 수 있다.

무엇을 위한 삼각 함수인가? 미적분이 중요하다고 해서 비중을 지나치게 높이면 다른 분야가 가지는 가치가 평가절하될 위험이 생긴다. 그 결과 전반적으로 수학이 본래 가지고 있는 쓰임과 즐거움을 알기 어려워지는 것이다. 삼각 함수를 배울 때 '별' 이야기부터 시작하는 교육 프로그램을 만들 수는 없을까 하는 생각이 든다.

현재는 위성을 사용한 지구 규모의 관측이 실현되었기에 삼각 함수의 존재 의의를 압도적인 현실감과 함께 전할 수 있다. 삼각 함수를 처음 배우는 사람에게는 최고의 교재가 되지 않을까?

인류가 별빛의 안내를 받아 손에 넣은 언어, 삼각 함수.

인류는 오랫동안 구면 삼각법을 발전시키고 삼각 함수와 함께 살아왔다. 우리 인간이 하늘과 땅 사이에 사는 한 이 사실은 결코 변하지 않을 것이다.

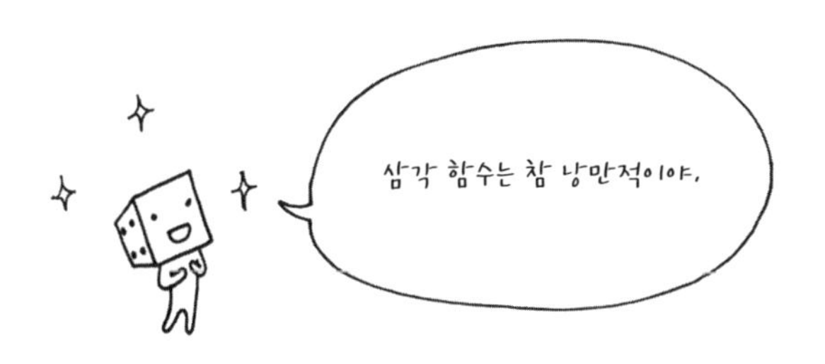

운동과 수학의 관계

미분 방정식이란 무엇일까? 미적분에 등장하는 이 방정식은 운동에 관해 생각하는 과정에서 시작되었다.

인류는 운동을 이해하기 위해 끊임없이 노력을 기울여 왔다.

포탄의 움직임을 조사하기 위해.

때로는 우리가 사는 지구 그리고 우주를 이해하기 위해.

이번에는 '운동과 수학'의 관계에 매료된 수학자들에 대해 이야기해 보려 한다.

아리스토텔레스의 운동론

운동을 일으키는 원인은 무엇인가? 운동에 관한 연구의 끝에는 어떤 미래가 기다리고 있을까?

'운동의 과거와 미래'를 이야기해 보자. 운동의 본질에 대한 연구는 고대 그리스 시대부터 진행되어 왔다.

고대 그리스의 철학자 아리스토텔레스는 '주변의 운동'을 주의 깊게 관찰하면서 힘과 운동의 관계를 고찰했다. 그는 '물체의 본질은 정지이며, 운동하고 있는 물체에는 끊임없이 힘이 작용하고 있다'는 결론을 내리고 운동을 두 종류로 분류했다. '힘이 물체에 내재해 있는 까닭에 자연스럽게 발생하는 운동(자연 운동)'과 '외부에서 힘이 가해져서 발생하는 운동(강제 운동)'이다.

자연 운동의 대표적인 예는 자유 낙하 운동이다. 물체가 아래로 떨어지는 이유를 아리스토텔레스는 다음과 같이 설명했다.

"물체에 '자연스러운' 장소인 지구의 중심에 안정적으로 있으려고 하는 운동이 자유 낙하 운동이다. 집으로 돌아가려는 사람의 발걸음이 집에 가까울수록 빨라지듯이, 물체 또한 '자연스러운' 장소에 가까울수록 낙하 속도가 빨라진다. 이것이 물체가 가속하는 이유다."

한편 던져진 물체의 포물선 운동은 손으로 물체에 힘을 가하는 강제 운동에 해당된다. 이 경우는 손에서 떨어진 뒤 물체에 어떤 힘이 작용하고 있는지가 문제가 되는데, 물체에 접촉하는 것은 공기밖에 없다고 생각한 아리스토텔레스는 "자연은 진공을 싫어한다. 그래서 물체가 손에서 떨어진 뒤에 생기는 진공 부분에 공기를 밀어 넣으며, 그 공기가 물체를 계속 밀어내는 것이다"고 설명했다.

현대의 관점으로 바라보면 우스꽝스러운 생각으로 느껴질 수 있다. 그러나 그의 위대함은 운동의 본질을 합리적으로 설명하려고 한 정신에 있다. 이것이야말로 과학의 세계에서는 획기적이었던 것이다.

그리고 이 정신은 후세에도 계승되어 천문학자 히파르코스가 삼각 함수표를 만들어서 천체의 운동을 설명하기에 이르렀다.

관성의 등장

대포를 무기로 사용하던 14세기의 유럽에서는 포탄과 탄환이 어떻게 움직이는지에 관한 '탄도 이론'의 필요성이 대두되었다. 그 무렵에는 아리스토텔레스가 주장했듯이 '발사된 탄환은 공기에 밀려서 앞으로 나아가는' 것이 아니라 '공기의 저항을 받으며 운동'한다는 인식이 자리 잡고 있었다. 당시 과학자들은 탄환에 가해지는 힘이 탄환을 추진하기 때문에 운동(포물선 운동)이 지속된다는 가설을 세웠다.

또한 자유 낙하 운동에 관해서는 물체의 무게가 물체 자체를 움직이는 힘이 되며 낙하 중에 그 힘이 축적됨으로써 물체에 가해지는 힘이 증가한다, 즉 가속이 발생한다고 생각했다.

이렇게 '관성(힘을 받은 물체는 등속도로 운동 상태를 유지하는 성질)'의 비밀은 점차 해명되기 시작했다.

코페르니쿠스의 지동설과 갈릴레이의 관성의 법칙

이윽고 천문학자 니콜라스 코페르니쿠스가 등장한다. 그는 1514년 저서 《천구의 회전에 관하여(*De revolutionibus orbium coelestium*)》를 통해 태양을 중심으로 지구가 움직인다는 지동설을 발표했다. 하지만 지구가 움직인다니 도저히 믿을 수 없다는 강한 비판에 직면했다.

이에 대해 이탈리아의 천문학자이자 물리학자 갈릴레오 갈릴레이는 관성 운동에는 '외력(외부에서 가해지는 힘)'이 필요함을 밝혀내고, "태양을 중심에 둔 지구의 원운동이야말로 외력을 필요로 하지 않는 관성 운동이다"라고 말함으로써 코페르니쿠스의 생각이 옳음을 증명하려 했다.

또한 프랑스의 철학자이자 수학자 르네 데카르트는 기하학적

◆ 운동이란 무엇인가?(과학자의 계보)

아리스토텔레스
(기원전 384~기원전 322)

히파르코스
(기원전 190?~기원전 120?)

니콜라스 코페르니쿠스
(1473~1543)

갈릴레오 갈릴레이
(1564~1642)

르네 데카르트
(1596~1650)

우주는 수학이라는 언어로 쓰여 있다.
universo é scritto in lingua matematica.
— 갈릴레이

고찰을 통해 '등속 직선 운동이 아니면 관성 운동이 되지 않으며, 원운동에는 외력이 필요하다'는 사실을 밝혀냈다.

갈릴레이와 데카르트는 낙하 운동의 이론에 '관성'이라는 개념을 적용해서 낙하 거리, 낙하 속도, 낙하 시간의 관계를 고찰했다. 그들은 낙하 운동의 원인이 '인력', 즉 지구가 물체를 끊임없이 잡아당기는 데 있다고 생각했다. 갈릴레이는 실험을 통해 '낙하 거리가 낙하 시간의 제곱에 비례함'을 발견했고, 데카르트는 기하학적 고찰을 통해 '낙하 속도는 낙하 시간에 비례함'을 증명했다.

케플러의 대발견

이렇게 해서 운동에 관한 논의는 점차 '행성 운동'으로 집약되어 갔다. 그리고 코페르니쿠스가 활약한 시대로부터 약 100년이 지난 1619년, 방대하면서도 정확하고 확실한 천체 관측 데이터가 중요한 '법칙'이라는 결실로 이어진다. 독일의 천문학자 요하네스 케플러가 세 가지 행성의 운동 법칙, 즉 타원 궤도의 법칙(제1법칙)과 면적 속도 일정의 법칙(제2법칙), 행성의 공전 주기의 제곱은 타원 궤도의 긴 쪽 반지름의 세제곱에 비례한다는 조화의 법칙(제3법칙)을 발견했다.

갈릴레이가 "우주는 수학이라는 언어로 쓰여 있다"고 말했듯이, 행성의 운동은 수학의 언어로 기술되기에 이르렀다. 이로써 지동설의 우위가 결정되었으며, 동시에 코페르니쿠스와 갈릴레이 등이 발표한 행성의 원운동에 관한 수많은 설에서 벗어나 행성의 운동을 더 정확하게 기술할 수 있게 되었다.

그런데 케플러의 이름이 들어간 또 다른 수식이 있다. 타원 운동을 나타내는 '케플러 방정식'이다. 케플러는 행성의 위치를 관측한 다음 이 방정식을 이용해 궤도를 추산했다. 즉 '태양의 주위를 도는 행성의 위치를 시간의 함수로 나타낼 수 있는가?'라는 문제를 풀려고 한 것이다. 이렇게 노력한 결과 케플러는 앞의 세 가지 법칙을 발견했지만, 방정식을 푸는 데에는 실패했다.

◆ 케플러 방정식

태양의 주위를 도는 행성의 위치를 시간의 함수로 나타내라!

$$\theta - \varepsilon \sin\theta = \frac{2\pi t}{T}$$

θ: 이심각 ε: 이심률 T: 주기

1770년 프랑스의 천문학자이자 수학자 조제프 루이 라그랑주(Joseph Louis Lagrange, 1736~1813)가 케플러 방정식을 도출하는 데 성공했는데, 이때 뉴턴의 운동 방정식(미분 방정식)을 사용했다. 그리고 베셀(151쪽 〈이색적인 수학자 베셀〉)이 마침내 난제였던 케플러 방정식을 풀어냈다. 그의 이름이 붙은 베셀 함수는 케플러 방정식을 풀 때 사용된 함수다.

고대 그리스의 아리스토텔레스로부터 시작되었던 '운동'에 관한 연구는 코페르니쿠스와 갈릴레이, 데카르트를 거쳐서 17세기의 케플러와 뉴턴에 이르며 정점에 도달했다.

요하네스 케플러
(Johannes Kepler, 1571~1630)

운동의 곁에는 수학이 있다

처음에는 낙하 운동이나 포물선 운동 같은 우리 주변의 현상이 대상이었지만, 서서히 운동으로서 연구하는 범위가 넓어진 끝에 마침내 행성 운동이라는 엄청나게 거대한 현상으로 확대되기에 이르렀다. 우리 인류는 운동이라는 현상을 이해하고자 노력을 거듭해 왔다. 그리고 그 곁에는 언제나 수학이 존재했다.

이처럼 수학과 친해지는 것은 자연의 섭리에 다가가는 것이 아닐까? 17세기에 갈릴레이가 남긴 "우주는 수학이라는 언어로 쓰여 있다"라는 말은 수학의 진가를 꿰뚫어 본 것이라고 할 수 있다.

4와 관련된 이야기

과학 세계의 신비한 4

여러분은 4라는 숫자를 보면 무엇이 떠오르는가?

4가 '사(死, 죽음)'와 발음이 같아서 불길한 느낌이 드는가? 과학의 세계에서 4는 불길한 수가 아니라 '신비한 수'다.

우주란 무엇인가? 수란 무엇인가? 생명이란 무엇인가?

이와 같은 근본적인 수수께끼에 도전하는 물리학, 수학, 생명과학에는 4에 관한 이야기가 존재한다.

'네 가지 힘'의 통일은 물리학의 꿈이며, 통일 이론에는 우리가 사는 우주인 4차원 시공의 수수께끼가 관여하고 있다.

'네 가지 색'만 사용하여 지도를 구분할 수 있을까? 이 '4색 문제'는 그래프 이론으로 번역되어 '4색 정리'로서 해결되었다.

'네 종류 염기'가 지배하는 생명의 설계도 DNA. 모든 염기 서열을 해독한다는 엄청난 목적을 달성한 우리 호모 사피엔스.

근원의 탐구를 사명으로 삼는 과학은 이렇게 해서 신비한 4를 발견하기에 이르렀다. 그럼 지금부터 물리학, 수학, 생명과학의 4에 관한 이야기를 살펴보자.

물리학의 4와 관련된 이야기—네 가지 힘을 통일하라!

물리학은 우주가 물체와 힘으로 구성되어 있다는 원리를 설명하는 데 성공했다. 물체는 원자로 구성되며, 힘은 중력·전자기력·강력·약력이라는 네 가지로 분류된다는 사실이 밝혀졌다.

그리고 20세기에는 원자보다 작은 소립자의 존재가 제창되고, 나아가 힘조차 소립자를 통해서 설명할 수 있다는 '장(場) 이론'의 구축이 시작되었다.

중력은 뉴턴이 발견한 만유인력이다. 천재 뉴턴은 달에 작용하는 힘과 사과에 작용하는 힘은 본질적인 차이가 없음을 간파했다. 천상계와 지상계의 통일을 수리적으로 이루어 낸 것이다.

영국의 화학자이자 물리학자 패러데이가 발견한 전기력과 자기력의 관계는 영국의 물리학자 맥스웰의 손에 수리적으로 훌륭한 방정식으로 정리되었고, 전자기력이라는 이름의 새로운 힘으로 통일되었다.

마이클 패러데이
(Michael Faraday, 1791~1867)

제임스 클러크 맥스웰
(James Clerk Maxwell, 1831~1879)

우리가 사는 시공에는 전기력을 전달하는 능력을 지닌 '전기장'의 성질과 자력을 전달하는 능력을 지닌 '자기장'의 성질이 있다. 그리고 전기장과 자기장이 서로의 장을 만들어 내는 시스템이 '전자기장'이며, 그곳에 존재하는 것이 '전자기파'다.

맥스웰의 방정식을 통해서 전자기파의 전달 속도가 일정함을 알게 되었고, 이로써 '광속'이라는 놀라운 결론이 도출되었다. 그렇게 해서 탄생한 것이 광속도 불변의 원리를 가정으로 삼은 아인슈타인의 '특수 상대성 이론'이다.

그 후 소립자 가속기의 강력한 도움을 받아 발전한 소립자 물리학은 원자 내부에 숨겨진 경이로운 구조를 하나둘 밝혀냈다.

이것이 약력(약한 핵력)과 강력(강한 핵력)이라는 핵력의 발견이다.

물리학자들은 생각해 낼 수 있는 최대한의 아이디어와 모든 수학 지식을 구사해 소립자의 세계에 있는 '조화'를 탐구했다. 가령 초끈 이론(superstring theory)의 기원인 끈 이론(string theory)은 물리학자 난부 요이치로(南部陽一郎, 1921~2015)가 생각해 낸 것으로, 그는 'string(끈)'이라는 말을 가장 처음 사용했다.

끈 이론은 이렇게 탄생했다. 1960년대에 "강력이 보여 주는 실험 데이터를 감마 함수로 구성되는 베타 함수가 정확하게 설명한다"라는 기묘한 사실이 발견되었고, 1968년 난부 요이치로가 강력과 베타 함수를 연결시키는 아이디어를 생각해 냈다. 이것이 소립자를 '점'이 아닌 '끈'으로 생각하는 끈 이론이었던 것이다.

가장 극적이었던 것은 전자기력과 약력을 통일한 '전약 이론'이다. 전약 이론은 표준 이론이라고도 불리며, 소립자 가속기와 전자계산기가 잇달아 산출해 내는 방대한 데이터를 높은 정밀도로 설명한다. 이론과 실험의 경연(競演)이 전 세계에서 펼쳐졌고, 나아가 강력과 중력도 통일할 수 있지 않을까 하는 기대감과 함께 연구가 진행되었다.

현재는 전자기력·강력·약력의 세 가지 힘을 통일하는 '대통일 이론', 여기에 '중력'을 추가한 네 가지 힘을 전부 통일하는 '초대통일 이론'의 연구가 진행되고 있다. 초대통일 이론의 강력한

◆ 네 가지 힘과 그것을 통일하는 이론

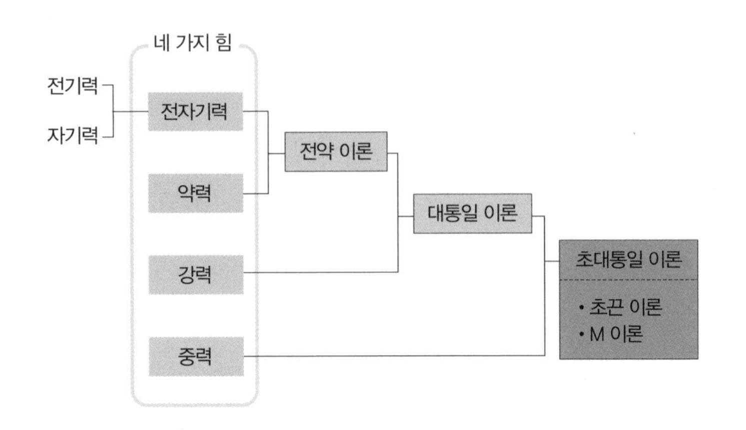

후보로는 '초끈 이론'이 있는데, 재미있게도 초끈 이론은 하나의 이론이 아니라 다섯 가지 형태를 생각할 수 있음이 밝혀졌다.

진정한 의미에서 '하나의 이론'으로 만드는 아이디어는 미국의 물리학자인 에드워드 위튼(Edward Witten, 1951~)이 제창한 'M 이론'이다. 초끈 이론에서는 우리가 사는 시공이 10차원이라고 설명하는 데 비해 M 이론에서는 11차원이다. 우리로서는 상상도 되지 않는 고차원이다. 우주를 나타내는 영어인 universe의 uni는 '하나', verse는 '회전한다'라는 뜻이다. 우리가 사는 하나의 우주에 숨어 있는 수수께끼. '네 가지 힘' 모두를 통일하는 하나의 이론과 만나는 미래가 어쩌면 바로 곁에 와 있는지도 모른다.

수학의 4와 관련된 이야기—4색 문제

어떤 지도든 네 가지 색만 있으면 색이 겹치지 않게 모두 칠할 수 있다. 이것이 유명한 '4색 문제'인데, 1976년 미국의 수학자 케네스 아펠(Kenneth Appel, 1932~2013)과 볼프강 하켄(Wolfgang Haken, 1928~)이 증명했고 이제는 '4색 정리'라고 불린다.

4색 문제의 해결을 도운 것은 '그래프 이론'이었다. 점과 선으로 구성되는 것을 그래프라고 한다(128쪽 〈신기한 토폴로지〉). 지도를 색이 겹치지 않게 칠하는 문제를 그래프로 파악하고 그래프 이론을 구사해서 해결한 것이다. 그리고 주목할 만한 점은 정리의 증명에 전자계산기를 사용했다는 것이다. 20세기다운 증명 방법이라고 할 수 있다.

◆ 4색 문제에 도전! 네 가지 색만을 사용해서 색이 겹치지 않게 칠해 보자

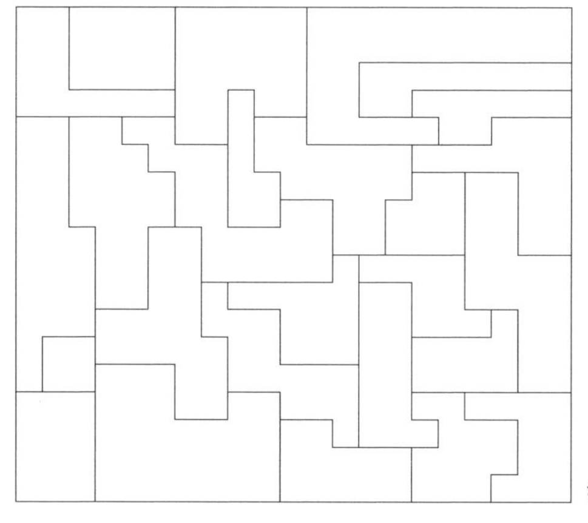

해답은 208쪽

수학의 4와 관련된 이야기 — 4차원

수학에서 중요한 4라고 하면 바로 떠오르는 것이 '4차원'이다. 특수 상대성 이론에서 아인슈타인은 우리가 사는 우주를 4차원 시공으로 파악했다. 4차원 시공이란 공간 3차원+시간 1차원을 의미한다. 그리고 일반 상대성 이론에서 4차원 시공이 휘어진다고 생각하면 중력을 설명할 수 있음을 제시했다.

공간을 가로, 세로, 높이의 3차원으로 지각하는 우리는 4차원 이상의 공간을 지각하지 못한다. 그러나 토폴로지(위상 기하학) 이론을 통해 4차원 이상의 세계를 이해할 수 있게 되었다(128쪽 〈신기한 토폴로지〉). 유명한 푸앵카레 추측은 바로 토폴로지의 정리다. 본래 3차원에 관한 것이던 푸앵카레 추측은 n차원에서도 성립함이 밝혀지며 연구가 진전되었다. 1960년에는 미국의 수학자 스티븐 스메일(Stephen Smale, 1930~)이 5차원 이상에서도 성립함을 증명했고, 1981년에는 역시 미국의 수학자 마이클 프리드먼(Michael Freedman, 1951~)이 4차원에서 성립함을 증명했다. 그리고 프리드먼의 '4차원 다양체의 토폴로지' 연구는 영국의 수학자 사이먼 도널드슨(Simon Donaldson, 1957~)의 '이종(異種) 4차원 공간' 발견(1982)으로 이어졌다.

도널드슨은 이 연구에서 '양·밀스 이론'으로 불리는 소립자 물리학 이론을 이용해 수학자들을 놀라게 했는데, 2002년에 푸앵카레 추측이 해결될 때도 같은 일이 일어났다. 러시아의 수학자 그리고리 페렐만이 물리학적인 접근을 통해서 '3차원 푸앵카레 추측'을 멋지게 해결한 것이다.

이와 같이 4차원은 수학과 물리학의 공통된 과제다. 우리가 사는 우주는 왜 4차원인가? 이 수수께끼를 풀기 위해 수학과 물리학은 오늘도 도전을 계속하고 있다.

생명과학의 4에 관한 이야기—DNA

과학의 근원에는 우주가 신비하다는 전제가 깔려 있지 않을까? 그리고 과학의 눈은 우리 인간 자신의 내부에서도 신비한 4의 이야기를 찾아냈다.

생명체는 세포로 구성되어 있다. 세포에는 핵이라고 부르는 부분이 있으며, 그 속에는 염색체가 있다. '유전학의 시조'로 불리는 멘델(Gregor Mendel, 1822~1884)이 완두콩의 교배 실험을 한 후 사람들은 '유전을 전달하는 물질'이 존재할 것이라고 예상하게 되었는데 그것이 바로 염색체다. 염색체는 DNA의 덩어리로, 1953년 미국의 생명과학자 제임스 왓슨과 영국의 생명과학자 프랜시스 크릭(Francis Crick, 1916~2004)이 DNA의 이중 나선 구조를 제창했다.

◆ 이중 나선 모델

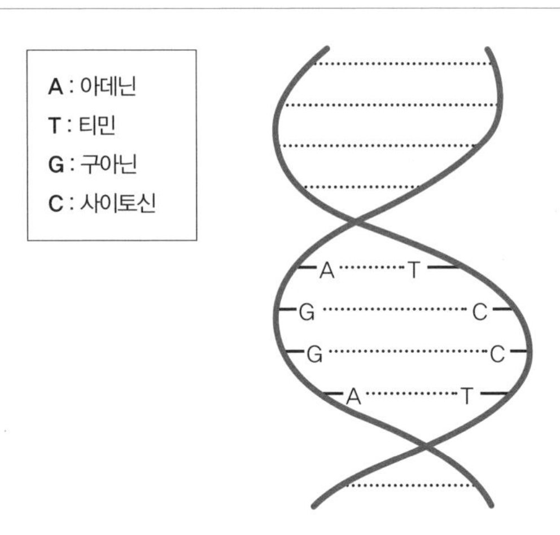

DNA를 구성하는 것은 아데닌(A), 티민(T), 구아닌(G), 사이토신(C)이라고 부르는 '네 가지 염기'다. DNA는 생명에 매우 중요한 단백질의 설계도 역할을 하며, 설계도는 네 가지 염기의 서열(nucleic sequence, 수학에서 sequence는 수열을 의미한다)로 표현된다. DNA의 네 가지 염기의 서열은 '유전 암호'라고도 불린다. 우리 인간의 염색체는 상염색체 22쌍 44개와 성염색체 2개(여성은 XX, 남성은 XY)의 합계 46개다. 이 안에 들어 있는 모든 DNA를 '인간 게놈'이라고 부른다.

이중 나선 구조의 발견으로 시작된 분자 생명과학은 전자계산기라는 강력한 도움을 얻어 염기 서열의 해독에 나섰다. DNA 시퀀서(유전자 서열 결정 장치)를 사용해 게놈 배열(genome sequence)을 해독한다.

1990년 약 30억 쌍에 이르는 DNA의 전체 염기 서열을 해독하는 프로젝트 '인간 게놈 프로젝트'가 미국에서 시작되었다. 그리고 13년 후인 2003년, 마침내 인류는 위업을 달성했다. 인간 게놈의 모든 염기 서열 해독에 성공한 것이다. 왓슨과 크릭은 이중 나선 모델을 발견하는 데 50년이라는 세월이 걸렸다.

유전자 정보 해독 연구를 통해 생명 정보학(bioinformatics)이라고 부르는 새로운 학문 영역이 탄생했다. 네 가지 염기가 만드는 유전자 정보가 디지털 정보와 다를 것이 없음을 생각하면, 생명 과학에 컴퓨터가 필요한 것은 필연이라고 할 수 있다. 대규모 계산을 통해 생명의 수수께끼에 도전하는 시대가 시작된 것이다.

우주의 신비의 열쇠를 쥐고 있는 4

물리학에도 수학에도 생명과학에도 4와 관련된 이야기가 있으며, 그 모든 이야기가 우주와 생명의 근원적인 수수께끼를 간직하고 있다.

왜 하필 4일까?

이것은 여전히 수수께끼에 싸여 있지만, 한 가지는 분명하게

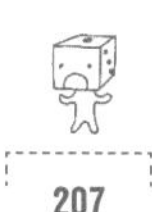

말할 수 있다. "4의 이야기가 우리의 우주를 성립시켰고 원활하게 돌아가도록 만들고 있다"는 것이다. 이렇게 생각하면 4라는 숫자는 불길하기는커녕 만물의 법칙으로 이어지는 신비한 수로 느껴진다.

◆ 해답

맺음말

이 책으로 〈재밌어서 밤새 읽는 수학〉 시리즈는 '파이널'을 맞이한다. 성원을 보내 주신 많은 독자 여러분에게 깊은 감사의 인사를 전한다.

현재 나는 1년에 80회 정도의 강연회를 위해 일본 전국을 돌아다닌다. 이 책도 도시에서 도시로 이동하는 중에 고속 열차나 호텔을 서재로 삼아 집필했다.

계산은 여행
이퀄이라는 레일 위를 수식이라는 열차가 달린다.

이 책의 〈머리말〉에 적은 시는 내가 오랜 여행을 하면서 느낀 점이기도 하다. 철도의 레일과 마찬가지로 수학 세계의 '이퀄'이

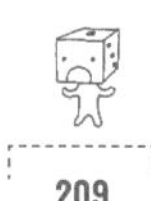

라는 레일 또한 수많은 앞선 이들이 시간과 노력을 바쳐서 길이 없던 곳을 개척한 성과다. 일본에서는 에도 시대에 수학의 재미에 눈을 뜬 사람들이 독자적인 수학을 만들기 시작했다. 이렇듯이 세계 곳곳에서 각자의 수학이 발전했고, 이것은 우리가 사는 세계가 약진하는 힘이 되었다. 그리고 현재 수많은 '수학을 만드는 수학자', '수학을 전하는 교사', '수학을 사용하는 기업'이 존재한다. 우리는 수학으로 이루어진 세계에서 살고 있다.

열차로 도시를 여행을 하는 즐거움과 인류의 역사를 바탕으로 수학을 하는 즐거움. 내게는 철도의 레일뿐만 아니라 이퀄이라는 수학의 레일도 보인다. 두 레일 위를 한쪽은 진짜 열차가, 다른 한쪽은 수학이라는 열차가 사람들의 마음을 싣고 달린다. 나는 사이언스 내비게이터로서 앞으로도 여행을 계속할 것이다.

마지막으로 즐겁게 이 시리즈를 함께 만들어 온 편집진에게 깊은 감사를 전한다. 지금까지 이 시리즈를 함께 만들 수 있어서 참으로 즐거웠다.

참고 문헌

가타노 젠이치로, 《수학 용어와 기호 이야기》(片野善一郎, 《数学用語と記号ものがたり》, 裳華房).

네가미 세이야 편, 《수학 활용》(根上生也編, 《数学活用》, 啓林館).

다오 기요코, 《통계학자로서의 나이팅게일》(多尾清子, 《統計学者としてのナイチンゲール》, 医学書院).

단바라 다케시, 《지구를 측정한 과학자의 군상 : 측지 · 지도의 발전 소사(小史)》(檀原毅, 《地球を測った科学者の群像 : 測地 · 地図の発展小史》, 日本測量協会).

마루야마 다케오, 《나이팅게일은 통계학자였다! 통계의 인물과 역사 이야기》(丸山健夫, 《ナイチンゲールは統計学者だった! 統計の人物と歴史の物語》, 日科技連出版社).

빌센코 편, 《수학 명언집》(ヴィルチェンコ編, 《数学名言集》, 大竹出版).

사쿠라이 스스무, 《재밌어서 밤새 읽는 수학 이야기》(桜井進, 《面白くて眠れなくなる数学》, PHPエディターズ·グループ)(조미량 옮김, 더숲).

사쿠라이 스스무, 《재밌어서 밤새 읽는 수학 이야기: 프리미엄 편》(桜井進, 《面白くて眠れなくなる数学プレミアム》, PHPエディターズ·グループ)(장은정 옮김, 더숲).

사쿠라이 스스무, 《초 재밌어서 밤새 읽는 수학 이야기》 (桜井進, 《超 面白くて眠れなくなる数学》, PHPエディターズ·グループ)(김정환 옮김, 더숲).

사쿠라이 스스무, 《초초 재밌어서 밤새 읽는 수학 이야기》(桜井進, 《超·超面白くて眠れなくなる数学》, PHPエディターズ·グループ)(김정환 옮김, 더숲).

알프레드 W. 크로스비, 《수량화 혁명》(アルフレッド · W · クロスビー, 《数量化革命》, 小沢千重子訳, 紀伊国屋書店).

《고지엔》(新村出編, 《広辞苑》, 岩波書店).

《그림으로 보는 단위의 역사 사전》 (小泉袈裟勝編著, 《図解 単位の歴史辞典》, 柏書房).

《소수 대백과》(Chris K. Caldwell編著, 《素数大百科》, SOJIN編訳, 共立出版).

《수학 상수 사전》(スティーブン · R · フィンチ, 《数学定数事典》, 一松信監訳, 朝倉書店).

《수학의 100가지 문제 : 수학사를 수놓은 발견과 도전의 드라마》(数学セミナー編集部編, 《数学100の問題 : 数学史を彩る発見と挑戦のドラマ》, 日本評論社).
《이와나미 수학 사전(제4판)》〔日本数学会編集, 《岩波数学辞典(第四版)》, 岩波書店〕.
《이와나미 수학 입문 사전》(青本和彦他編著, 《岩波数学入門辞典》, 岩波書店).
《지니어스 영일 대사전》(小西友七 · 南出康世編集主幹, 《ジーニアス英和大辞典》, 大修館書店).
《진겁기 초판본 : 영인, 현대 문자, 그리고 현대어역》(佐藤健一訳 · 校注, 《塵劫記 初版本 : 影印, 現代文字, そして現代語訳》, 研成社).